化学品环境管理的计算毒理学

于洋 林军等 著

中国农业出版社
北 京

《化学品环境管理的计算毒理学》

著者 于　洋　林　军　郑玉婷
张丽丽　杨先海　刘新刚

前　言

当前，我国化学工业规模大于欧盟和美国的总和，化学品的环境释放是对生态环境安全的重大挑战。如何从数以万计的化学物质中识别出那些高风险的化学品并加以管控，成为世界各国不得不面临的问题。风险评估是化学品环境管理的核心，然而，数据缺失使得这项工作举步维艰。进入21世纪，发达国家及国际性组织机构开始重视和发展计算毒理技术，开发了各种用于预测化学品危害属性和暴露参数的模型工具，以解决化学品环境管理工作面临的数据缺失的瓶颈问题。从20世纪90年代开始，我国逐渐有专家学者在计算毒理领域开展科学研究，但大多限于构建预测模型，极少数将模型集成为应用软件。近年来，国内少部分单位在科技项目的支持下，尝试开展计算毒理学研究，并逐步应用于化学品环境管理。

党的十九届五中全会提出“重视新污染物治理”的新要求。为应对国内外化学品环境管理的新趋势，确保在新污染物、常规污染物和特征污染物长期并存的局面下，打好打赢“十四五”新污染物污染防治攻坚战，有必要在数以万计的污染物中精准识别出优先管控的新污染物，尤其是发达国家重点管控的PBT、PMT、CMR、EDC等污染物，以保障我国生态环境总体安全。计算毒理学模型正逐渐成为我国化学品环境管理的重要工具之一。2020年，生态环境部修订并正式发布了《新化学物质环境管理登记办法》（生态环境部令第12号），在新化学物质申报登记时，可以使用计算毒理学模型预测部分毒理学参数。这是我国首次在立法中明确了计算毒理学数据在化学品环境管理工作中的法律地位，肯定了计算预测数据的重要性。

本书依托生态环境部固体废物与化学品管理技术中心主持的“十三五”国家重点研发计划“农田有毒有害化学污染源头防控技术研究”（2017YFD0800701）完成。在开展农田有毒有害化学污染物筛选和优先控制名录编制过程中，数据缺失是我们必须攻克的一个难点，计算毒理技术是攻坚克难的利器。计算毒理学在我国起步较晚，底子很薄，科研人员开发的计算毒理学模型更多注重创新性，目的是发表较高水平的科研论文，这也导致了模型的开发往往与化学物质环境管理脱节，因此，我们萌生了编写本书的想法。本书从我国化学物质环境管理出发，阐述了我国发展计算毒理学的必要性，分析了计算毒理技术启蒙及发展阶段，总结了发达国家计算毒理技术的法律定位以及服务于化学品环境管理的研究计划，最后，针对我国化学品环境管理面临的问题，结合我国实际情况，提出了计算毒理技术的发展建议。希望本书为广大读者提供一个能够从化学品环境管理角度思考计算毒理技术的新视角。

本书共7章，由于洋统稿完成，林军、刘新刚负责全书审核。其中，第一章由于洋执笔，第二章由郑玉婷、张丽丽执笔，第三章由刘新刚、杨先海执笔，第四章由杨先海、张丽丽执笔，第五章由杨先海、郑玉婷执笔，第六章由张丽丽、郑玉婷执笔，第七章由于洋、郑玉婷执笔。南京理工大学杨先海博士还对本书的框架提出了宝贵的修改建议。

计算毒理学知识海洋浩瀚无边，本书的研究成果仅为沧海一粟。在编写本书过程中，我们朝乾夕惕、慎终如始，力求用简洁的语言激发读者的研究兴趣，使读者能够从化学物质环境管理的视角对计算毒理学的需求有所了解。

由于时间仓促、水平有限，书中疏漏在所难免，恳请广大读者批评指正。

于　洋

2021年2月

目　录

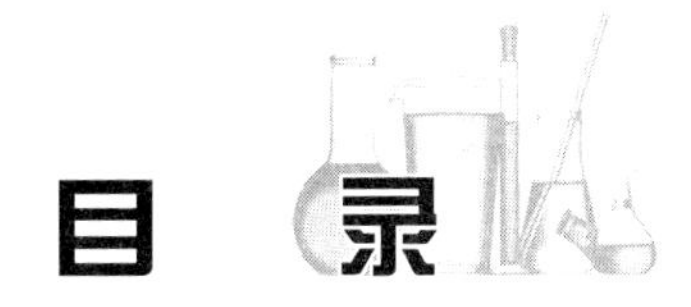

第一章

我国发展计算毒理学的必要性

一、化学品基础信息严重缺失已成为制约我国化学品环境管理的瓶颈

截至 2019 年 6 月，美国化学文摘社（CAS）收录的有机和无机化学品已超过 1.5 亿种。截至 2020 年 11 月，我国《现有化学物质名录》（含第 2 批公示）共收录化学品 4.6 万余种，其中有化学品文摘号（CAS）的物质为 3.8 万余种。但是，化学品中需要重点关注的 20 余个危害筛查指标中，全部有指标数据的化学品仅有千余个。

为满足化学品环境管理的需求，需要尽可能多地获取化学物质基础数据。获取数据的传统方法为实验测定，但是越来越多的商用化学品每秒都在产生，传统实验方法获取化学品环境管理所需数据，面临着成本高、耗时长、违反动物实验伦理的“3R 原则”等限制，无法实现对目前商用的 14 万种化学品以及与日俱增的新化学物质逐一开展测定，急需通过计算毒理学模型工具弥补数据缺失，筛选出需要关注的化学品，并实施优先管理。

二、管理部门对化学品管控仍不足

防范生态环境风险，依靠化学品的危害及暴露信息。由于我国缺失化

学品环境管理的危害及暴露信息，使得主管部门对化学品的认知和管控仍旧不足，导致了大量化学品在我国生产、使用、排放不受限制。例如，发达国家已淘汰或限制的部分化学品在我国仍有规模化生产和使用。欧美等发达国家管控的具有持久性、生物蓄积性和毒性的物质（PBT），具有极高持久性、极高生物蓄积性的物质（vPvB），具有致癌性、致突变性和生殖毒性的物质（CMR）以及具有或潜在具有内分泌干扰性的物质（环境激素类物质 EDC）均大量生产。

我国《现有化学物质名录》收录的化学品被我国安全、卫生等部门掌握的数据则更加有限。我国现行化学污染物环境管理标准体系所管控的化学污染物仅涉及 100 余种，其中，我国现行大气污染物相关管控标准涉及的特征污染物 90 余种，现行水污染物相关管控标准涉及的有机物 100 余种、金属和类金属 20 余种。加上我国中小企业生产技术与工艺水平参差不齐、有毒有害物质排入环境的现象较为普遍，我国正在沦为高风险化学品的“世界工厂”。

三、应对发达国家实施绿色贸易壁垒和信息封锁已刻不容缓

近年来，发达国家开始实施绿色贸易壁垒和信息封锁，令我国化学品风险评估和环境管理举步维艰。欧盟的 REACH 法规等倡导使用非动物测试方法获取化学品安全信息，如定量构效关系等计算毒理技术。发达国家发展的计算毒理技术已对我国的化学品出口形成绿色贸易壁垒。同时，我国化学物质基础信息数据库尚未建立，筛选我国有毒有害化学物质、开展化学物质风险评估、构建计算预测模型等的数据源，很大程度依赖于国外公开的权威数据库及模型工具。但是近期，美国等发达国家已经开始对应用广泛的计算毒理与暴露预测技术及权威数据库进行了封锁，很多网站国内已无法访问，化学物质相关危害信息面临无法获得的困境。如美国关

闭了预测化学物质持久性、生物蓄积性和毒性（PBT）属性的 PBT profile 模型工具，美国化学文摘社 CAS 号滚动更新信息，EPI Suite 后台数据信息等重要工具及资源。

四、支撑化学品公约谈判及国际公约履约的客观需求

我国近年来相继签署了一些关于化学品管理的国际公约，例如，《全球化学品统一分类和标签制度》《关于在国际贸易中对某些危险化学品和农药采用事先知情同意程序的鹿特丹公约》《关于持久性有机污染物的斯德哥尔摩公约》等。特别是斯德哥尔摩公约，不仅要求研究和控制公约中所列的持久性有机污染物，还需要各国筛选新的化学品，例如，持久性、生物累积性和毒性物质（PBT），高持久性和高生物累积性物质（vPvB），致癌性、致突变性和生殖毒性物质（CMR），内分泌干扰物质（EDC）等。因此，为满足我国履行国际公约的目标需求，也需要发展具有自主知识产权的计算毒理技术。

第二章

面向化学品环境管理的计算毒理技术发展阶段

根据美国环保局的定义，计算毒理学是指“应用数学、计算机模型、分子生物学、化学方法等定性/定量预测化学品固有属性、诱导产生的危害效应及揭示其危害效应产生的机制”。计算毒理学研究的目标是实现化学品物理化学参数、环境行为参数、健康/生态毒理效应参数等信息的高通量、快速预测、揭示毒性作用机制、化学品优先级设定及实现虚拟筛选、化学品危害和风险评估，进而为化学品风险管理提供决策依据。

计算毒理学方法的理论基础是化合物分子结构，也是决定其性质的内因，因而，分子结构类似的化合物，可能具有类似的物理化学性质、环境迁移转化行为和生态/健康毒理学效应，即化合物的物理化学性质、环境迁移转化行为和生态/健康毒理学效应参数，与其分子结构之间存在内在联系，而这种联系是可以被认识和表征。这种内在联系，以数学模型的方式表达出来，就是定量结构-活性关系（以下简称“ QSAR”）等计算毒理学方法。面向化学品管理的计算毒理学发展可分为以下 3 个阶段。

一、计算毒理技术启蒙与发展阶段（1816—1988 年）

人类在 19 世纪初（1816 年）就认识到有机物的分子结构与其理化性质和生物活性之间存在内在的联系。QSAR 领域的开创性工作，始于 20 世纪 30 年代 Hammett 等人的工作。Hammett 等人所建立的线性自由能关系（LFER）理论，为后来的 QSAR 研究奠定了热力学上的理论基础。Taft 等人在 50 年代、Hansch 和 Fijita 等人在 60 年代的研究成果，进一步推动了 QSAR 理论的发展。起初，QSAR 主要应用于药物设计，在筛选活性化合物、研究药物与生物体相互作用等方面，发挥着重要作用。

在环境科学领域，计算毒理学研究始于 1974 年，有研究发现化合物生物富集因子与正辛醇-水分配系数关系密切。随后，又有研究在 1981 年发现了鱼的毒性效应与正辛醇-水分配系数关系密切。为了促进环境领域计算毒理学研究成果的交流与合作，Klaus Kaiser 博士于 1983 年，组织发起了计算毒理学在环境领域应用的研讨会、该研讨会现已形成固定的交流机制，开始两届是每 3 年召开一次，1988 年后改成每 2 年一次。从 2004 年开始，该会议主题从环境领域扩展到健康领域。表 2－1 列出了截至 2020 年所召开的研讨会情况。此外，法国的 Devillers 博士于 1993 年创办了 *SAR and QSAR in Environmental Research* 杂志（Taylor & Francis 出版社）；Elsevier 出版社于 2016 年创办了 *Computational Toxicology* 杂志，用于发表环境科学领域的计算毒理学相关研究成果。

表 2－1　历年计算毒理学在环境与健康科学领域的应用研讨会

年份	会议地点	会议名称
1983	加拿大安大略省汉密尔顿	
1986	加拿大安大略省汉密尔顿	
1988	美国田纳西州诺克斯维尔	
1990	荷兰费尔德霍芬	计算毒理学在环境科学中的应用研讨会（International Conference on QSAR in Environmental Sciences）
1992	美国明尼苏达州德卢斯	
1994	意大利贝尔吉拉泰	
1996	丹麦埃尔西诺	
1998	美国马里兰州巴尔的摩	
2000	保加利亚布尔加斯	
2002	加拿大渥太华	

（续）

年份	会议地点	会议名称
2004	英国英格兰利物浦	计算毒理学在环境与健康科学领域的应用研讨会（International Conference on QSAR in Environmental and Health Sciences）
2006	法国里昂	
2008	美国纽约锡拉丘兹	
2010	加拿大蒙特利尔	
2012	爱沙尼亚塔林	
2014	意大利米兰	
2016	美国佛罗里达州迈阿密	
2018	斯洛文尼亚布莱德	
2020	美国北卡罗来纳州达勒姆市	

二、计算毒理技术用于化学品管理的论证阶段（1989—2003年）

在20世纪90年代，欧美国家就开始探讨计算毒理技术是否可用于化学品管理的问题。在此阶段，关注的重点是“计算毒理学模型的预测能力”。为了回答这些疑问，开展了许多针对性的工作。1989年10月，经济合作与发展组织（以下简称“OECD”）召开了关于“Notification Schemes for New Chemicals”的研讨会。该研讨会召开的背景是，1981年和1982年，OECD通过了两个文件，以期建立“数据互认 the Mutual Acceptance of Data”和“化学品上市前最低数据要求（MPD）the Minimum Premarketing Set of Data in the Assessment of Chemicals”制度。该制度要求化学品制造商/进口商在化学品上市前提供最低要求的上市前数据，这些数据需采用标准的OECD测试导则方法获取。根据这两个制度要求，欧盟制定并修改了相关法规（如修订的67/548/EEC指令），以实施相关管理要求。经过8年的实施（1981—1989年），欧盟收到了数百份

新化学品通报。然而，美国有毒物质控制法（以下简称“TSCA”）本身并没有强制要求制造商/进口商在新化学品上市前开展测试，也就是说TSCA法规不强制制造商/进口商提供可获取的数据。为了应对试验数据缺乏的问题，美国国家环境保护局（以下简称“美国环保局”）将目光投向了新兴的计算毒理学预测技术，即采用QSAR模型来预测数据，然后使用预测数据来辅助开展这些物质的预先危害/风险评估。

在这样的背景下，如何实现数据互认成为成员国关注的问题。因此，在这次会议上，欧盟委员会提出要评估美国环保局使用的QSAR模型的预测能力，评估方法是用模型预测有大量可获取的实测数据的物质，然后比较预测结果和实验结果。会后，美国环保局和欧盟委员会联合启动了一项名为“Structure Activity Relationship/Minimum Premarketing Dataset”(SAR/MPD)（1991—1993年）的研究项目，用于开展模型预测能力评估。用于评估的模型包括沸点、蒸汽压、水溶解度、分配系数、生物降解率、水解、土壤吸附系数、光降解等物理化学和环境行为参数，水生生物毒性效应参数及吸收、急性毒性、皮肤刺激性、眼刺激性、呼吸道刺激性、皮肤致敏性、重复剂量毒性、致突变性等健康毒理学效应参数。研究期间，欧盟提供了175个新化学品的测试数据，双方用这些数据与模型预测数据进行了比对。1994年，发布了比对报告，报告显示，对所比对的这些物质而言，部分模型能够获取较好的预测效果，但也有部分模型不能获得令人满意的结果。总体而言，美国环保局所使用的部分模型具有可靠性和有用性。因此，该项目的成果增加了双方对计算毒理学预测技术在管理上使用的信心。也促使双方启动了其他项目进一步评估模型预测能力。例如，除了采用新化学品数据进行验证和评估，双方在1993年启动了一个新的评估项目，采用现有化学品［如高产量物质（HPV物质）］的数据评估模型的预测能力。在这个项目实施过程中，日本也加入模型评估的工作中。同年，欧盟委员会还资助了另一个名为“Assessment of QSAR for Predicting Fate and Effects of Chemicals in the Environment”的国际项目。

该项目的目标之一是全面总结现有可用于预测环境参数的模型，即生物蓄积性、吸附、降解性和生态毒理参数，及评估这些模型的局限性。另一个目标是采用新技术发展新的预测模型。美国环保局也组织了其他相关项目，如用 QSAR 评估 TSCA 存货清单物质。

此外，在风险评估方面，OECD 还启动了一个危害评估项目“Application of structure - activity relationships QSAR to the estimation of physical - chemical properties of importance in exposure assessment”（1989—1991 年）。该项目的研究目标一是如何在暴露评估中使用 QSAR 技术预测物理化学参数；二是使用 QSAR 技术预测水环境毒性效应参数；三是使用QSAR技术预测生物降解性。

除了化学品管理当局组织的模型验证研究外，科学家也从模型应用域表征、评估方法等方面开展了大量的研究。通过 10 多年的探索和研究，管理接受计算毒理学预测结果的时机越来越成熟。

2002 年 3 月 4～6 日，化学协会国际理事会（ICCA）和欧洲化学工业委员会（CEFIC）在葡萄牙塞图巴尔组织召开了题为“Regulatory Acceptance of QSAR for Human Health and Environmental Endpoints”的研讨会。与会的 60 多位来自欧洲、北美和日本的工业、学术机构及化学品管理部门的人类健康和环境安全领域的专家一致认为，当 QSAR 模型满足规定的标准时，可应用 QSAR 服务于化学品管理决策，还可用于辅助设定化学品优先次序、评估化学品风险、进行化学品分类及标记。来自工业和管理当局的参会者希望进一步扩展 QSAR 在化学品安全评估和化学品管理中的应用。为了实现 QSAR 在管理上的应用，首先需要发展国际接受的评估预测模型的标准及评估导则。会上，与会者讨论了欧洲替代方法验证中心提出的 6 个替代方法验证准则（又被称为“塞图巴尔准则”）：替代方法需与一个具有明确定义值指标（Endpoint）相关联；需采用清晰的且容易实现的算法；理想情况下，有明确的机理信息；具有明确的应用域定义；对训练集进行拟合优度评估、交叉验证等；需采用未参与建模的

数据对模型进行预测能力评估，即外部验证。会议建议：OECD 负责进一步优化上述验证准则；开发决策支持系统，用于放置经过验证的模型，辅助管理当局或工业界选择合适的预测模型开展预测。本次研讨会推动了国际社会使用 QSAR 等预测模型用于辅助化学品管理。

三、化学品管理领域计算毒理技术快速发展阶段(2004 年至今)

至此，关于计算毒理学预测技术是否可用于化学品环境管理的讨论就告一段落。此后，欧美国家及国际组织将关注的重点逐步转移到如何使用计算毒理技术上。2005 年，美国环保局（EPA）委托美国国家科学研究委员会（NRC）审查现有的毒理学策略，并要求其提出一个毒理学测试的预案及展望，NRC 于 2007 年发布了名为《21 世纪毒性测试：愿景与策略》的报告。之后，欧美科学家在 *Science*、*Nature* 等国际著名期刊上发表了一系列文章，阐述了“21 世纪毒理学”的内涵。“21 世纪毒理学”的核心是采用生物学和生物技术、生物信息学（bioinformatics）、系统生物学（systems biology）、结构生物学（structural biology）、毒理基因组学（toxicogenomics）、实验胚胎学（experimental embryology）、计算科学等学科的最新研究成果，实现从仅依赖 in vivo 实验的传统毒理学向依靠 in vivo 实验、高通量 in vitro 实验和计算毒理学模型（in silico/computational toxicology/predictive toxicology）的集成测试策略转变。“21 世纪毒理学”的提出，进一步巩固了计算毒理学在化学品管理领域的应用。

在此阶段欧美国家及国际组织关于计算毒理学的主要举措包括以下 4 个方面。

（1）制定/修订相关法规建立计算毒理技术使用的管理框架

例如，欧盟 REACH 法规明确规定了可用 QSAR、Read－across 等预测技术获取数据；联合国《全球化学品统一分类和标签制度》（GHS）也对使用 QSAR 预测的数据进行了规定。

（2）实施计算毒理学发展计划

例如，2003 年，美国环保局发布了《计算毒理学发展与研究框架》，此后又分别在 2006 年和 2009 年发布了阶段研究计划；2005 年，还专门成立了国家计算毒理学研究中心，以实施美国环保局计算毒理学计划。

（3）制定发布计算毒理技术评估标准与评估导则

例如，OECD 发布了预测模型验证标准和导则。

（4）构建预测模型和开发相关软件工具、数据库等

例如，OECD 实施了 QSAR 项目，开发 QSAR Toolbox。

第三章

全球主要化学品管理法规对应用计算毒理技术的规定

一、美国 TSCA 对应用计算毒理技术的规定

有毒物质控制法案（TSCA）是 1976 年通过的工业化学品管理法案。TSCA 法案本身并没有强制要求制造商/进口商在新化学品上市前开展测试，也就是说，TSCA 法规不强制制造商/进口商提供可获取的数据。为了应对试验数据缺乏的问题，美国环保局在实践过程中将目光投向了新兴的计算毒理学预测技术，即采用 QSAR 模型来预测数据，然后使用预测数据来辅助开展这些物质的预先危害/风险评估。因此，在旧版 TSCA 法案中，虽没有明文规定美国环保局可以使用计算毒理学预测技术，但在法案实践过程中，美国环保局实际使用了计算毒理学预测技术来辅助进行化学品管理。

2016 年 6 月 22 日，美国总统签署了 Frank R. Lautenberg Chemical Safety for the 21st Century Act [Lautenberg Act（H. R. 2576）] 法案，对已有 40 多年历史的有毒物质控制法案（TSCA）进行了修订。在新修订的 TSCA 法规第三部分“化学物质和混合物测试”中，增加了“减少脊椎动物测试”部分，该节规定“在决定进行脊椎动物测试前应充分考虑现有可获取的信息，如毒性信息、计算毒理学和生物信息学信息、高通量筛选方法和预测模型等”；还要求采用替代测试方法，要求美国环保局“在 2016 年 6 月 22 日后的两年内，发布促进替代测试方法发展和实施的策略

计划，用于减少、精炼、替代脊椎动物测试，并为化学物质或混合物的健康和环境风险评估提供同等质量或更好的数据信息。替代测试方法包括计算毒理学和生物信息学、高通量筛选方法、测试化学物质类别、层级测试方法、体外测试方法、系统生物学、经权威机构验证的新的或修订的方法等”。因此，新法案正式通过法律条文的形式确认了美国环保局可以使用计算毒理学预测技术来辅助化学品管理。

二、欧盟法规对应用计算毒理技术的规定

在过去，欧盟有多个指令管理化学品，不同指令在管理化学品方面有差异。例如，对现有化学品和新化学品的管理要求就不同。此外，这些指令未产生足够多的关于物质对人群和环境影响的信息。为了更好地保护人群健康和环境安全，进一步提升欧盟化学品工业的综合实力，欧盟委员会于2001年1月发布了《未来化学品政策战略白皮书》*the White Paper on the Strategy for a Future Chemicals Policy* [COM（2001）88]。该白皮书系统总结了当时实施的化学品管理系统、可提升化学品安全性的化学品管理新策略、如何提升欧盟化学品工业的综合实力的举措等方面，提出了构建名为“the Registration，Evaluation，Authorisation and Restriction of Chemicals（REACH）”的新化学物质管理系统- REACH系统。新系统拟达成7个目标，其中一项是促进非动物测试技术发展与验证，并应用于化学品管理。2006年，化学品注册、登记、许可与限制法规（REACH）正式发布，并于2007年生效。

REACH法规第13条规定，“如果满足附件11的条件，物质的固有属性可用非测试方法产生，特别是通过使用QSAR模型、分类、Read-across方法获取”。REACH法规附件11的1.3小节规定了可用QSAR模型预测结果替代测试结果的条件：

（1）QSAR模型的科学有效性已经得到证实。

（2）所预测的物质在QSAR模型的应用域之内。

（3）所预测的结果足够用于化学品分类、标记和风险评价的目的。

（4）提供了足够和可靠的记录，来描述所使用的方法。

1.5 小节规定了可用分类或 Read - across 方法填补数据缺失。此外，在 REACH 法规附件 12 中还提到“在采用本附件所列方法测试物质新的属性之前，应首先评估所用可获取的体外测试数据、体内测试数据、人群历史数据、从经过验证的 QSAR 模型预测的数据、从结构类似物预测的数据（Read - across 方法预测数据）”。REACH 法规指导文件中规定的 QSAR 的适用推荐情况，见表 3 - 1。

表 3 - 1　REACH 法规指导文件中 QSAR 模型的适用推荐情况

分类	终点	是否可用 QSAR 模型	适用方法/不适用原因
理化数据	沸点	不推荐使用	准确性不足
	熔点	不推荐使用	准确性不足
	蒸汽压	可以使用	基团贡献法等
	亨利常数	可以使用	水溶性与蒸汽压之比 连通性指数法 基团键贡献法
	水溶解性	可以使用	线性溶剂化能量描述符法
	正辛醇-水分配系数	可以使用	证据权重法等
环境行为与归趋数据	降解性	可以使用	Syracuse Research Corporation's Estimation software——免费软件 BIOWIN——免费软件 BIOHCWIN QSAR Toolbox CATALOGIC——商用 Pathway Prediction System TOPKAT——商用 Case - Ultra——商用 Danish QSAR database——免费 VEGA——免费

（续）

分类	终点	是否可用 QSAR 模型	适用方法/不适用原因
环境行为与归趋数据	水生生物富集	可以使用	EPI Suite（US EPA）——免费 T. E. S. T. （US EPA）——免费 VEGA（IRFMN）——免费 CASE Ultra（Multi CASE）——付费 CASE Ultra（Multi CASE）——付费
	陆地生物富集	有相关模型	Jager（1998）- *Kow* 为输入参数 有几种模型可能用于估计植物富集。但由于缺乏植物实验的标准化数据，所有模型的验证都受到阻碍
毒性模型	鱼类毒性	可以使用	可用的 QSAR 模型可归纳为以下类别： 预测化合物的作用模式/结构类别； 结构预警的定性信息； 单个模型的 QSAR 预测； 专家系统的 QSAR 预测； QSAR 预测数据库； 活性-活性关系预测
毒性模型	鸟类毒性	可以使用	DEMETRA——免费 农业中农药残留毒性的环境模块，可以预测口服农药及其代谢产物 14 天和 8 天后对北美鹑的毒性

2009年生效的欧盟化妆品新指令［REGULATION（EC）No 1223/2009］第18条“动物测试”中，采用替代方法（in vitro和in silico方法）取代基于动物的试验。

三、联合国GHS对应用计算毒理技术的规定

联合国《全球化学品统一分类和标签制度》（GHS）也在化学品管理中明确提出了QSAR方法的使用要求。GHS第四部分“环境危害”的“4.1.2物质分类标准”中4.1.2.13明确规定：“如果没有实验数据，那么可在分类过程中使用有效的QSAR模型预测物质水生毒性参数和正辛醇-水分配系数，进而进行分类过程”；此外，在“附件9　水生环境危害指导”的“A9.6 QSAR的使用”中专门对QSAR的使用作出了明确、详细的规定。

第四章

全球主要面向化学品环境管理的计算毒理学研究计划

一、美国计算毒理学研究计划及其组织实施机构

（一）美国环保局计算毒理学研究的规划

1. 美国环保局计算毒理学研究规划

2002年，美国国会给美国环保局拨款400万美元用于提出面向化学品管理的战略技术研究。例如，发展、研究、验证非动物测试技术，包括快速非动物筛选、QSAR等。为了应对国会的指令，美国环保局研究与发展办公室（ORD），于2003年发布了“计算毒理学研究规划框架”，全面阐述了美国环保局计算毒理学发展的方向及发展规划。该报告提出的计算毒理学研究规划目的：一是提升源与结局路径的关联性；二是提供危害识别的预测模型；三是促进定量风险评估。为了实现第一个目的，即提升源与结局路径的关联性，需要开展以下的研究：发展化学品环境转化和代谢模型（化学品归趋模型和代谢模型）；化学品暴露模型；剂量模型；表征毒性通路；代谢组学；系统生物学；模型框架和不确定性分析。第二个目的，即提供危害识别的预测模型，需要开展以下的研究：QSAR和其他计算模拟方法；污染预防策略；高通量筛选。第三个目的，即促进定量风险评估，需要开展以下的研究：在定量风险评估应用计算毒理技术；剂量响应评估；物种外推技术；混合物风险评估技术。

此外，美国环保局研究与发展办公室组织发起了科学顾问委员会（BOSC），该委员会的职责是对国家计算毒理学研究中心和计算毒理学研究规划进行指导和建议。2005年4月，BOSC召开了第一次会议，会议评估了国家计算毒理学研究中心（今计算毒理学和暴露中心）组织情况、初始的实施计划及初始研究工作进展。同时也提出了两点建议：一是提出一份正式的实施计划；二是在环保局内部发展社区参与机制（CoPs），为环保局内对计算毒理学有兴趣的科学家提供交流平台。随后，建立了2个CoPs交流平台。根据建议，在2006年4月，美国环保局研究与发展办公室发布了“2006—2008财年计算毒理学研究规划实施计划”，以阐述美国环保局2006—2008年度的计算毒理学发展思路及实施举措，见表4-1。在该计划中，初始的3个目的被转化成3个长期目标：风险评估人员使用改进的方法和工具，更好地理解和描述源与结局路径的关联性；环保局项目办公室使用改进的危害表征工具来设定优先级和筛选开展毒性评估的化学物质；环保局评估人员和管理人员使用基于最新科学的新建和改进的方法与模型来促进剂量-效应评估和定量风险评估。三个长期目标对应的五个研究任务分别为：为高级的生物学模型提供数据；发展和使用信息技术；

表4-1　美国环保局2006—2008财年计算毒理学研究规划实施计划研究项目

长期目标	研究任务	研究项目
提升源与结局路径的关联性	为高级的生物学模型提供数据	小鱼模型中使用基因组学、蛋白质组学和代谢组学的暴露与效应之间的联系
		黑头呆鱼对内分泌干扰物反应的系统生物学模型
		利用小动物模型（Medaka）在不同组织水平诱导HPG轴上基因表达模式的化学诱导变化
		使用两栖动物模型描述和预测甲状腺毒性的系统方法
		雌激素诱导大鼠子宫基因表达网络的研究
		柴油尾气颗粒致炎和诱变效应的风险评估：系统生物学方法
		儿童哮喘发病机制指标（MICA）

（续）

长期目标	研究任务	研究项目
提供危害识别的预测模型	发展和使用信息技术	综合化学信息技术在毒理学中的应用
	优先级设定方法发展和应用	模拟代谢的异种生物化学物作为毒性的预测因子 毒性的分子目标建模，理解毒性机制关键步骤的计算方法，以及确定生物测定要求的优先级的工具 ToxCast，一种基于多维信息域的化学危害分类和排序工具 用于环境监测和风险评估的微生物宏基因组标记的开发
促进定量风险评估	为剂量、生命阶段、物种外推提供工具和系统模型	PBPK/PD模型参数估计的统计方法 为发育效应的跨物种外推建立毒理动力学模型 基于生理的药代动力学（PBPK）模型的可移植软件语言的开发 前列腺调节和抗雄激素反应系统建模 系统生物学模型的开发与应用 毒性基因组学数据在风险评估中的应用：雄激素介导的雄性生殖发育毒性途径中的化学物质的案例研究
	使用先进的计算毒理学方法促进累积风险预测	N-氨基甲酸甲酯农药累积风险评估的剂量-时间-响应模型 应用视觉分析工具评价环境因素与健康结果之间的复杂关系

优先级设定方法发展和应用；为剂量、生命阶段、物种外推提供工具和系统模型；使用先进的计算毒理学方法促进累积风险预测。

该计划主要通过三种机制开展计算毒理学研究：

（1）通过美国环保局计算毒理学研究中心（NCCT）开展研究。NCCT涉及的项目包括发展化学物质毒性信息数据（DSSTox）、集成计算毒

理学资源数据库（ACToR）、构建面向优先化学物质毒性评估的工具箱（ToxCast）、为暴露和效应评估提供预测模型、发展生物体多尺度预测模型等；与国家环境健康科学研究所（NIEHS）和国家人类基因组研究所（NHGRI）共同实施 Tox21 研究项目。

（2）2005 财年，美国环保局研究与发展办公室内部启动了 7 个项目，包括使用组学技术研究物质对鱼的内分泌干扰效应的研究、甲状腺毒性的两栖动物形变模型研究、颗粒物对肺细胞毒性效应预测模型研究、引发儿童哮喘的因子研究、化学物质代谢预测等。

（3）美国环保局研究与发展办公室下国家环境研究中心发起了 STAR 项目。2004 财年，STAR 项目资助了 2 个项目，即鱼和雌鼠下丘脑-垂体-性腺轴毒性效应的预测模型；2005 财年，STAR 项目资助成立了 2 个环境生物信息学研究中心，即北卡罗来纳大学环境生物信息学研究中心、新泽西医科齿科大学环境生物信息学和计算毒理学研究中心。

经过几年的发展，美国计算毒理学研究取得了大量的研究成果，为环保局化学物质危害识别和优先级设定作出了巨大贡献。2009 年，美国环保局在总结前阶段成就的基础上，发布了“2009—2012 财年计算毒理学研究规划实施计划”。该计划与前期计划的区别在于，计算毒理学研究的宗旨从主要聚焦于危害识别和化学物质优先级设定，转变到为化学物质筛选、暴露、危害、风险评估提供高通量决策支持工具。这种转变越来越强调用于支撑定量风险评估的模型使用基于高通量测试产生的数据及发展综合的高通量暴露预测模型。为了实现这一目标，在制定计划及实施计划过程中，计算毒理学研究中心（NCCT）将与国家健康和环境影响研究实验室（NHEERL）、国家暴露研究实验室（NERL）、国家风险管理研究实验室、国家环境评估中心、国家环境研究中心、美国环保局 STAR 计划资助的 4 个 STAR 研究中心等进行大量沟通、协调、讨论。

“2009—2012 财年计算毒理学研究规划实施计划”拟开展的研究包括毒性参考数据库（ToxRefDB）、ChemModel 模型（ChemModel）、预测毒理 ToxCast™项目和暴露 ExpoCast™项目、虚拟组织项目（如虚拟肝和虚拟胚胎系统模型）、不确定性分析项目。所有项目遵循质量保证程序，并定期接受同行评议。项目产生的模型和数据将通过集成计算毒理学资源数据库（ACToR）、化学物质毒性信息数据（DSSTox）及其他环保局网站获取。

美国环保局计算毒理学研究可概括为 4 个层次：信息学建设（主要是数据库及检索平台）、化学品暴露预测模型软件及数据库建设、化学品生物效应及筛选模型软件及数据库建设、多尺度生物效应预测模型工具（目前主要研究虚拟组织）。4 个层次的研究成果可满足化学品风险评估工作中不同的需求。

为了实施计算毒理学研究规划，美国对该计划进行了持续投入。例如，2009 财年经费约为 1 500 万美元，人员 32 名。其中，大约 50%的资源分配给计算毒理学研究中心，25%给国家环境研究中心发起的 STAR 项目，其他的给国家健康和环境影响研究实验室、国家暴露研究实验室。

2. 美国环保局内分泌干扰物筛选计划

1996 年，美国国会通过《联邦食品、药品和化妆品法案》（FFDCA 法案）和《安全饮用水法案》（SDWA）修正案，要求美国 EPA 建立有效的测试体系和筛选程序，用于检测和筛选农药和饮用水源中潜在的内分泌干扰素（EDCs）。据此，美国 EPA 于 1996 年成立了“环境内分泌干扰物筛选和检测顾问委员会”（EDSTAC）。EDSTAC 的成员主要来自美国 EPA 及其他联邦当局、各州相关部门、工业界代表、环境团体、公共健康团体和学术界等。顾问委员会于 1998 年提交了研究报告，提出了内分泌干扰物筛选策略。该策略的核心思想是先使用已有化学品理化信息、环境迁移转化信息、毒理学信息或基于计算毒理学模型预测的相关信息对化学品进行初始排序，然后采用高通量的 in vitro 实验和简单且机理明确的 in vivo 实验对潜在作用靶标或通路进行验证，最后采用复杂的 in vivo 实验测定危害效应。顾问委员会建议可使用激素受体结合效应预测模型等

QSAR 模型辅助进行初始排序，为筛选优先测试物质服务。

实践证明，美国环保局内分泌干扰物筛选计划现有层级Ⅰ的测试方法通量低（50～100 种物质/年）、成本高（1 百万美元/物质），导致很难按现有测试体系对上述化学物质进行一一测试。因此，美国环保局于 2012 年提出了“21 世纪的内分泌干扰物筛选计划”（EDSP21）。EDSP21 主要依赖高通量体外测试技术、计算毒理技术和其他最新的科学技术进行潜在 EDCs 筛选，且在当前阶段主要针对雌激素干扰效应开展相关研究工作。目前，美国 EPA 已开发雌激素受体模型来替代雌激素受体结合试验、雌激素受体转录激活试验、子宫增重试验，其他模型也正在开发中。这些方法将应用于第二批 134 种物质的筛选评估。在接下来的几年（至 2019 年），EDSP21 主要是全力采用新技术，如新的基于风险的计算工具（计算毒理学和计算暴露科学方法），以更有效地进行筛选，测试，数据的收集、存储和审核，并将应用该新技术筛选评估第三批物质（1 800 种物质已采用新技术进行雌激素受体测试）。

3. 美国环保局化学品毒性评估战略计划

美国环保局科学顾问办公室科学政策委员会下设立了“未来毒性测试工作组”（FTTW），专门来研究如何在化学品管理中实现美国国家研究委员会“21 世纪的毒性实验：理念和远景”报告中提出的建议。FTTW 于 2009 年发布了《美国环保局化学品毒性评估战略计划》，该计划拟指导美国环保局如何在毒理学测试和风险评估中集成新的范式和新的工具，即从传统的风险评估过程（危害识别、剂量-效应、暴露评估、风险表征），向基于毒性通路的过程转变（源—归趋—转化—暴露—危害）。该计划涉及 3 个方面的内容：化学品筛选和优先级设定、基于毒性通路的风险评估和制度改革。在这些内容中提出需要集成计算毒理学预测技术辅助进行化学品管理。

4. 美国环保局可持续的化学品安全研究计划（CSS 计划）

CSS 计划目的是领导发展创新的科学技术用于安全和可持续的选择、

设计、使用化学品和新兴材料，以达到保护生态环境、物种及人群健康的目标。最终目标是使美国环保局能够应对现有化学品、新化学品、新型材料（如纳米材料）等的影响，同时能够评估化学品与生物系统复杂的相互作用，进而支撑美国环保局的管理决策。为此，CSS 计划在各阶段分别制定了优先研究领域。计算毒理学预测技术是各阶段的重要研究内容。

（1）美国环保局 2012—2016 年 CSS 计划优先研究领域

美国环保局于 2012 年 6 月发布了《可持续的化学品安全：战略研究行动计划 2012—2016》。该计划是由美国环保局的研究与发展办公室（ORD）及系统内其他科学部门共同完成，展望了美国环保局在 2012—2016 年 CSS 计划的主要研究领域。计划主要包括 3 个方面的目标：

目标 1：发展科学知识、工具和模型用于综合的、及时的和有效的化学品评估策略。

目标 2：改进评估方法，促进化学品安全和可持续管理。

目标 3：提供解决方案。

计划主要包括 8 个研究主题：固有属性（inherency）、系统模型（systems models）、生物标志物（biomarkers）、累积风险（cumulative risk）、生命周期（life cycle considerations）、外推技术（extrapolation）、信息平台（dashboards）、评估（evaluation）。

（2）美国环保局 2016—2019 年 CSS 计划优先研究领域

美国 EPA 于 2015 年 11 月发布了《可持续的化学品安全战略研究行动计划 2016—2019》，计划主要有 4 个目标，见表 4－2。

计划主要包括 4 个领域：化学品评估技术；生命周期分析；系统科学技术；知识的转化与传播技术。

① 化学品评估技术：创新性发展基于计算毒理学的高通量筛选方法，为基于风险的既有化学品和新兴材料评估提供数据。

化学品评估的主旨是将提供成本低和高通量的数据，用于快速对现有

表 4-2 美国环保局 2016—2019 年 CSS 计划目标

目标	需要完成的工作	近期	远期
构建知识共享机制	促使信息公开；以新的方式结合不同类型的数据，以确定化学品对人类健康和环境的影响	为支持科学发现和可持续决策提供可获取的信息	生成化学、生物学和毒理学信息，以促进对化学特性和使用的潜在影响之间关系的理解
发展化学品评估工具	开发和应用快速、高效、有效的化学品安全评价方法	改进化学物质的优先排序、筛选和测试	彻底改变化学评估对人类和环境的潜在风险
促进理解复杂的生物系统	通过探究一个部分的扰动和变化如何影响其他部分和整个系统来研究复杂的化学—生物系统中的特性	进一步了解化学品暴露与生态和人类健康结果，包括对发育中的有机体之间的关系	预测因长期和空间暴露特定化学品和混合物而产生的不良后果
知识转化和积极传播	演示 CSS 科学和工具的应用，以预测、最小化和解决环境健康问题	制定基于解决方案的方法，以评估高优先级化学品的影响，以支持创新和可持续的决策	应用 CSS 工具预测新兴材料、产品和新用途的影响

化学品和新兴材料进行风险评估，主要包括 2 个主题研究：危害表征和暴露预测。

研究项目：高通量毒理学、快速暴露和计量。

② 生命周期分析：发展新工具和研究新权值，用于解决量化化学品、材料、产品生命周期中对人群或生态健康风险的关键问题。发展新方法用于在设计和使用过程中评估替代产品的有效性。

生命周期分析将探索新的方法评估化学品、材料和产品生命周期中对人和生态环境的风险。通过 4 个主题研究，将发展和证明新方法在评估替代化学品、材料和产品中的有效性，进而支持设计和使用可持续的化学品。

研究项目：可持续的化学、新型材料、生命周期和人群暴露模型、生态模型。

③ 系统科学技术：发展基于系统的方法，用于预测化学品暴露引发的化学品与生物分子的相互作用及其潜在的危害效应。主要致力于发现科学知识用于构建预测暴露特定化学品或混合物后的危害效应的模型。危害结局和虚拟组织项目互为补充，同时也与化学品评估主题相关。

研究项目：发现和构建有害结局路径；虚拟组织模型。

④ 知识的转化与传播技术：促进基于网络的工具、数据、应用技术，用于支撑化学品安全评估和相关的管理决策。服务于 CSS 合作伙伴关于短期高优先科学的需要，及其他相关利益相关方法的需求。

研究项目：验证和评估基于风险的决策、合作研究、利益相关者参与及拓展。

（二）美国计算毒理学相关机构

1. 计算毒理与暴露中心

美国环保局国家计算毒理学中心（NCCT），成立于 2004 年 10 月，在 2005 年 2 月正式运行，并于 2020 年更名为计算毒理学和暴露中心（CCTE），其成立的背景是：美国环保局需要评估美国境内市场上生产和使用的化学品（约 8.6 万种）和新化学品（约数百种）的安全性，但是 86%的化学品缺乏相关数据。由于化学品测试成本高、耗时长，目前仅对一小部分化学品进行潜在人体健康和生态危害效应测试。为了扭转这种不利局面，欧美国家一直在寻找解决途径。经过十多年（1989—2002 年）比较研究和探讨，欧美国家一致认为满足特定条件的计算毒理技术可以用于化学品环境管理。在 2003 年，美国环保局研究和发展办公室制定并发

布了《计算毒理学研究计划框架》，提出了美国环保局实施计算毒理学研究计划的基本构想，提出计算毒理学研究计划的目标是提升源与结局路径的关联性、提供危害识别的预测模型和促进定量风险评估。为了加强面向化学品管理的计算毒理技术发展和应用及组织实施国家计算毒理学发展计划，美国环保局专门成立了国家计算毒理学中心。

NCCT旨在通过集成现代计算机技术、信息学及生物信息学等技术向化学品管理部门提供高通量决策支持工具。NCCT组织结构一直在变化，成立之初包含4个部门，即行政办公室、系统模拟部、计算化学部和生物信息学部；2009年NCCT也包含4个部门，即行政办公室、优先化学品部、系统模拟部和生物信息学部。目前，NCCT组织结构调整为主任办公室、计算部和实验部。有工作人员20余名，人员专业背景涉及化学、毒理学、生物信息学、生态学、统计学、计算系统生物学、物理学、发育系统生物学等。

NCCT是美国环保局中实施计算毒理学研究规划的核心单位，承担了大量计算毒理学研究项目。同时NCCT还与美国环保局研究与发展办公室内其他实验室或中心形成了重要的伙伴关系，与国家健康和环境影响研究实验室（NHEERL）、国家暴露研究实验室（NERL）、国家风险管理研究实验室、国家环境评估中心、国家环境研究中心等建立了伙伴关系，共同承担了合作项目研究。2020年，NCCT更名为计算毒理学和暴露中心（CCTE）。曾涉及的研究包括：信息学建设方面，负责集成计算毒理学网络资源平台（ACToR）等数据库建设；化学品暴露预测模型软件方面，负责高通量暴露预测项目ExpoCast项目；化学品生物效应及筛选模型软件方面，负责ToxCastTM项目；多尺度生物效应预测模型工具方面，负责虚拟胚胎（v-Embyo™）模型、虚拟甲状腺模型等。

2. 暴露评估建模中心

暴露评估建模中心（CEAM）成立于1987年，以满足美国环境保护局以及国家环境和资源管理机构的科学和技术暴露评估的需求。为了支持基于环境风险的决策，CEAM 为有机化学品和金属的水生、陆地和多介质途径提供了经过验证的预测性暴露评估技术。CEAM 提供了广泛的分析技术，从适用于筛选分析的简单桌面技术到复杂的、最先进的连续模拟模型。

CEAM 为城市和农村非点源、河流、湖泊和河口的常规和有毒污染、潮汐流体动力学、地球化学平衡和水生食物链生物积累提供环境模拟模型和数据库。除了软件分发，CEAM 还审查和评估潜在的和现有的软件产品，维护和测试源代码和命令文件，并提供用户支持。用户支持包括对使用 CEAM 软件时遇到的常规运行时错误或其他问题的审查、评估和可能的纠正，并提供信息交换以帮助用户将为一个目的开发的模型应用于新的和不同的问题。

二、欧盟计算毒理学研究计划及其组织实施机构

（一）欧盟集成测试策略研究项目

REACH 法规不仅要求对进入市场的新化学物质开展安全评估，而且要求 1981 年前进入市场的既有化学品也要开展安全评估。采用传统的毒性测试技术获取所有这些物质的信息不现实，因此，REACH 法规的实施驱动了组合测试策略（ITS）方法的研发，即使用和集成现有信息及应用替代方法来减少试验动物用量。此外，欧盟化妆品指令（Directive 76/768/EEC）第七修正案，要求完全采用替代方法取代基于动物的试验。该修正案提出的进度安排是，到 2009 年 3 月，禁止在欧盟境内开展化妆品相关所有毒性指标的动物测试，同时对进入欧盟市场的化妆品，除生殖毒性、毒代动力学、重复剂量毒性（含致癌性和皮肤致敏性）效应指标外，也禁止采用动物试验获取毒性数据；2013 年 3 月，将完全禁止开展化妆品相关的所有动物毒性测试。因此，该法规进一步推动了欧盟研发 ITS 方法。

2008年11月19～20日，欧洲替代方法验证中心［（ECVAM），1991年成立，属于欧洲委员会联合研究中心，其目标是提供科学、管理上可接受的替代方法］组织召开了题为“Overcoming Barriers to Validation of Non－animal Partial Replacement Methods/ Integrated Testing Strategies”的研讨会，专门讨论了：研究ITS的作用和需要在不同工业部门验证ITS；需要在不同工业部门间达成一致的ITS定义；如何及怎样在ITS中体现动物试验的“3R”原则（减少、优化、替代）；提出ITS验证原则。ITS包括in Chemico技术（快速测定化学品与生物大分子的反应性）、优化的in vivo测试技术、in vitro测试技术、in silico［QSAR和类推（Read－Across）等］技术、暴露评估技术等。为了进行ITS研究，欧盟设立了相关项目，如第六框架项目“基于非实验测试技术和测试信息来研究工业化学品风险评价的优化策略（OSIRIS）”。表4－3列出了欧盟第六和第七框架项目资助的部分计算毒理学相关项目。

表4－3　欧盟第六和第七框架项目资助的部分计算毒理学相关项目

项目名称	主　　题
CADASTER	环境危害和风险评估中计算技术的发展和应用的案例研究
CHEMSCREEN	体外/计算化学物质筛选系统预测人体和生态毒理学效应
COMPTOX	完成了集成在计算模型中的COSMOS模型，用于预测化妆品的人类重复剂量毒性，以进一步优化安全性
ETOX	整合生物信息学和化学信息学方法开发专家系统，实现毒性预测（创新药物计划）
OPENTOX	开放源代码预测毒理学框架ORCHESTRA传播关于化学品评估的结果或项目，传播风险评估技术的工作
CAESAR	按规定进行工业化学物质计算机辅助评价
INSILICOTOX	在计算工具中减少使用动物进行生物活性化学物质的毒性测试
OSIRIS	基于智能检测的化学品风险评估优化策略
RAINBOW	动物和体外研究和数值方法的研究：通过研讨会创建机会
SCARLET	诱变性和致癌性结构-活性关系的领先专家

（二）欧盟计算毒理学相关机构

欧盟计算毒理学相关机构主要有欧盟联合研究中心（JRC）、欧洲化学品局（ECB）、欧洲化学品管理署（ECHA）等。

1. JRC

JRC 是欧洲委员会的科学和知识服务机构，JRC 的工作主要由欧盟的研究和创新预算提供资金。JRC 的总部设在布鲁塞尔，在比利时、意大利、德国、荷兰和西班牙五个成员国均设有研究基地。在制定政策时，问题不再是信息或数据太少，而是有很多信息或数据，弄清楚这些信息具有挑战性。基于这个原因，JRC 正在与欧盟委员会各政策部门知识中心开展合作，知识中心汇集了不同来源的专门技能和知识。它们帮助政策制定者以透明、定制和简明的方式理解最新的科学证据。JRC 的具体情况如下。

① 作为欧盟委员会的科学和知识服务机构，其在整个政策周期中以独立的科学证据为欧盟政策提供支持。

② 创建、管理和理解知识并开发创新工具，最终将其提供给政策制定者。

③ 预测需要在欧盟层面解决的新问题，并了解政策环境。

④ 与全球上千个组织进行合作，这些组织的科学家可以通过各种合作协议访问众多的 JRC 资源。

⑤ JRC 的工作直接影响公民的生活，通过研究成果促进健康和安全的环境、有保障的能源供应、可持续的流动性以及消费者的健康和安全。

⑥ JRC 有 50 多年的科学经验，并不断建立在知识生产和知识管理方面的专业知识。

⑦ 拥有专业实验室和独特的研究场所，并拥有成千上万的科学家。

2. ECB

欧洲化学品局（ECB）是欧盟负责有害化学品风险评价的核心官方机构，负责实施 REACH 法规的技术支持。近年来，ECB 围绕 QSAR 技术

的开发和应用，开展了大量的研究工作。主要涉及3方面：QSAR模型的报告格式、验证与评估方法、化学品分类技术、理化性质、环境行为或毒理参数的类比技术，涉及QSAR技术在不同目标层面上的应用。

三、经济合作与发展组织计算毒理学研究计划

经济合作与发展组织（OECD）的QSAR项目主要围绕化学品的安全性问题，开展了QSAR技术的应用研究。OECD在QSAR项目研究方面取得诸多成果，包括OECD的QSAR工具箱、QSAR工具箱的常见问题解答、OECD系列指导文件和报告21份、工具箱中模型捐赠者信息以及QSAR工具箱的论坛。2004年，为规范QSAR技术的应用，OECD提出了QSAR模型验证准则，并于2007年发布了QSAR模型验证的导则。此外，为审核模型是否满足OECD QSAR模型的构建原则提供指导，QSAR专家组完善了QSAR模型审核对照表，涉及了5个大类22项问题，通过这些问题可以判断模型是否满足OECD的5项原则。2004年OECD成员国认识到，为了促进管理使用和应用QSAR，需要开发相应的QSAR工具包来进行支撑。基于此，OECD QSAR项目的重点转移至开发QSAR Toolbox。第一版的QSAR Toolbox于2008年3月发布。

第五章

国外计算毒理技术的相关导则

一、经济合作与发展组织相关导则

(一) QSAR 验证导则

在 2002 年 3 月召开的“Regulatory Acceptance of QSAR for Human Health and Environmental Endpoints”研讨会上，提出了面向化学品管理的预测模型需满足特定要求。会议提出，OECD 负责提出模型评估要求。同年 11 月，在第 34 次 OECD 化学品委员会的联合会议及 OECD 化学品、农药、生物技术工作组会议上，举行了针对 QSAR 的专门讨论。与会专家指出，QSAR需具有透明的建模过程、明确的应用域评估和验证程序。OECD 成员国一致同意基于这些原则开发国际可接受的预测模型评估标准/指标，以及评估现有 QSAR 模型的程序。2003 年初，OECD 成立了专门的 QSAR 专家组负责实施相关工作。经过广泛讨论，OECD QSAR 专家组在“塞图巴尔准则”的基础上，于 2004 年提出了管理上可接受的 QSAR 需满足的标准，即 OECD QSAR 验证原则：

① 具有明确定义的环境指标。

② 具有清晰和明确的数学算法。

③ 定义了模型的应用域。

④ 模型具有适当的拟合度、稳健性和预测能力。

⑤ 最好能够进行机理解释。

2007年，OECD发布了QSAR模型验证导则文件，详细说明了上述5项原则。只有符合该导则的QSAR模型才用于化学品的监管、进行暴露和效应评价参数的预测、筛选优先污染物进行实验测试等。每项原则简介如下。

1. 模型预测的环境指标

选择环境指标是构建预测模型的重要前提，与化学品管理相关的环境指标是指化学品理化属性、环境行为、生态/健康毒理学参数。QSAR模型的性能通常与数据质量密切相关，应尽量采用在相同实验方法及条件下获取的数据建立QSAR模型。因此，在收集整理数据时需要注意数据是否具有相同的实验方法及pH、温度、物种等条件。例如，Shen等人报道了美国食品和药物管理局（U. S. FDA）开发的雌激素活性数据库（EADB）。根据实验方法、物种等方面的差异，该数据库雌激素效应数据采用了29个指标来表征。因此，在报道QSAR模型时应详细说明模型涉及的环境指标信息。

2. 具有清晰和明确的数学算法

预测模型的目标是确立环境指标与化合物结构参数之间的关联。数学算法是建立该关联的手段。用于辅助化学品管理的QSAR模型，最好使用简单、透明的数学算法进行构建。采用简单、透明算法构建的模型有利于进行机理解释，便于不同研究和管理人员之间的交互使用，并且允许使用者查看和理解环境指标被预测的全过程。研究表明，不同方法的透明度由高到低依次为：多元回归分析（MLR）主成分和偏最小二乘回归分析（PCA&PLS）、人工神经网络（ANN）、遗传算法（GA）。

3. 定义模型的应用域

由于化合物种类及结构代表性方面的局限，任何模型都具有各自适用范围。因此，在报道构建的QSAR模型时，还应当定义模型适用范围，即应用域（AD）。AD的定义方法主要如下。

（1）描述符域

基于训练集化合物描述符定义的一种应用域。定义方法包括基于范围、距离及概率密度等。其中，基于范围的方法是考虑训练集化合物单个描述符的范围。基于距离的方法，其原理是通过计算某一化合物与训练集化合物描述符空间内指定点之间的距离来表征 AD。基于距离的方法一般包括杠杆距离、欧几里得距离、城市街区距离、马氏距离等。

（2）结构域

考虑训练集和验证集化合物之间的结构相似性，得到结构域。结构域是基于分子相似性概念而提出的一种 AD 表征方法。对于预测来讲，与训练集化合物分子相似性高的化合物会比相似性低的化合物得到更准确的预测结果。

（3）机理域

需要预测的化合物分子结构描述符包含于模型训练集描述符空间内，并且其分子结构与训练集化合物的结构相似，这两个条件是判断化合物是否处于模型应用域之内的必要条件。然而，仅满足这两个条件还不能确保预测结果的可靠性和正确性，需要进一步引入机理域的概念，即验证集或待测化合物的化学反应途径或毒性作用机制应与训练集化合物的一致。机理域的定义通常需要表征分子的亚结构，并认为分子结构类似的化合物具有类似的反应途径或毒性作用机制。机理域是保证模型预测准确度和精确度的最严格标准。

（4）代谢域

如果化合物在致毒过程中发生了代谢转化，则还应从代谢的角度定义代谢域。

如果分别从上述 4 个方面来逐步定义模型的 AD，就可以得到最保守的 AD。具体步骤为：第一步识别化合物是否落在模型的描述符范围内；第二步确定待考察化合物和模型训练集化合物之间的结构相似性；第三步通过评估化合物是否包括能引起效应的特定反应基团，进行机制检测；最

后一步是代谢检测。该方法可增加预测化合物是否在 AD 内的可靠性，但能被可靠预测的化合物的数目将会减少。还需要指出的是，尽管明确的 AD 可以帮助模型使用者评价模型预测的可靠性，但不能认为所有在 AD 内的预测都是可靠的。

4. 模型的拟合优度、稳健性和预测能力表征

在 QSAR 模型构建过程中，通常将数据集拆分为训练集和验证集。训练集用于构建模型，而使用验证集评估模型的预测能力。模型构建后，需对其进行内部验证（拟合优度和稳健性评估）和外部验证。

拟合优度是指模型能够在多大程度上解释训练集响应变量变异信息的度量。一般采用实测值与预测值之间的相关系数平方（R^2）来表征模型的拟合优度，见公式 5－1。

$$R^2 = 1 - \frac{\sum_{i=1}^{n}(y_i - \hat{y}_i)^2}{\sum_{i=1}^{n}(y_i - \bar{y})^2} \tag{5-1}$$

其中，n 代表化合物的个数，y_i 和 $\hat{y}_i$ 分别表示第 i 个化合物活性指标的实测值和预测值；$\bar{y}$ 为化合物活性指标实测值的平均值。R^2 表示模型所能解释的变异信息在变量 y 全部变异信息中所占的比例。如果自变量和因变量之间无线性关系，则 $R^2=0$；若有完美的线性关系，则 $R^2=1$。R^2 高于 0.5 意味着模型可以解释的因变量的比例高于未能解释的。模型 R^2 一般可以通过向模型加入额外的预测变量而增加，即使所加变量不能减少因变量中未被解释的信息。因此，应谨慎使用 R^2。使用校正后的 R^2（R^2_{adj}）可以避免过度拟合，见公式 5－2。

$$R^2_{adj} = 1 - \frac{\sum_{i=1}^{n}(y_i - \hat{y}_i)^2 \Big/ (n-m-1)}{\sum_{i=1}^{n}(y_i - \bar{y})^2 \Big/ (n-1)} \tag{5-2}$$

其中，m 为预测变量的个数。对 R_{adj}^2 的理解与 R^2 类似，但 R_{adj}^2 考虑了自由度的数量。R_{adj}^2 将预测残差平方和以及原始数据因变量总变异平方和都除以各自的自由度，以此进行校正。若新增的变量并不能降低未解释信息的比例，R_{adj}^2 就降低。

通过因变量的计算值和实验值，可以获得模型的标准偏差（s），见公式5－3。

$$s=\sqrt{\frac{\sum_{i=1}^{n}(y_i-\hat{y}_i)^2}{(n-m-1)}} \tag{5-3}$$

s 可表征实验值相对于回归线的离散度，其值越小，预测的可靠性就越高。

回归模型有效性的必要条件是 R^2 尽可能地接近 1，s 尽可能小。然而，仅这两个参数还不足以说明模型的有效性。需要进一步评估模型的稳健性。稳健性是指训练集出现变动（化合物被删除）时模型预测的稳定性。一般通过交叉验证系数（Q^2）和 Bootstrapping 法（Q_{BOOT}^2）表征模型的稳健性。

交叉验证方法是将原始数据组分为训练集和验证集。训练集用于建立一个局部模型，而剩下的数据（验证集）被用于评估模型预测能力。包括去多法 Q^2（Q_{LMO}^2）和去一法 Q^2（Q_{LOO}^2）。去多法的核心思想是将原始训练集中的 m 个数据点均分成大小为 t（$=n/k$）的 k 个子集。然后每次去除 t 个数据点，采用剩下的 $m-t$ 个数据点作为新的训练集重新建模，并采用由 t 个数据点构成的验证集评估模型预测能力。经 k 次计算，得到平均的交叉验证系数 Q^2。一般认为若 $Q^2>0.5$，则模型比较稳定。去一法计算过程与去多法相似，区别仅在于 $t=1$。Q^2 的计算公式见公式 5－4。

$$Q^2=1-\frac{\sum_{i=1}^{n}(y_i-\hat{y}_i)^2}{\sum_{i=1}^{n}(y_i-\bar{y}_{TR})^2} \tag{5-4}$$

其中，$\bar{y}_{TR}$表示训练集化合物活性指标实测值的平均值。

Bootstrapping 方法是指在一个含有 n 个样本点的数据集中，随机选取 t 个样本点（t 一般大于 n 的 1/5）作为验证集，之后在剩余的 $n-t$ 个样本点中，每次随机选取 t 个进入训练集，直到训练集样本点数达到 n，也就是与原数据集样本点数相同。用训练集建立模型，对验证集进行预测。这一过程重复数百次甚至数千次，每次计算 Q^2，取其平均值即为 Q^2_{BOOT}。同样，较高的 Q^2_{BOOT} 也表明模型具有较好的稳定性。一般而言 Q^2_{BOOT}用于评价模型稳健性比交叉验证 Q^2 更为可靠。

模型外部验证方法研究仍比较活跃，不断有学者提出新的 QSAR 表征方法，见公式 5-5～公式 5-11。

$$Q^2_{EXT1} = 1 - \frac{\sum_{i=1}^{n_{EXT}} (y_i - \hat{y}_i)^2}{\sum_{i=1}^{n_{EXT}} (y_i - \bar{y}_{TR})^2} \tag{5-5}$$

$$Q^2_{EXT2} = 1 - \frac{\sum_{i=1}^{n_{EXT}} (y_i - \hat{y}_i)^2 / n_{EXT}}{\sum_{i=1}^{n_{TR}} (y_i - \bar{y}_{TR})^2 / n_{TR}} \tag{5-6}$$

$$Q^2_{EXT3} = 1 - \frac{\sum_{i=1}^{n_{EXT}} (y_i - \hat{y}_i)^2}{\sum_{i=1}^{n_{EXT}} (y_i - \bar{y}_{EXT})^2} \tag{5-7}$$

$$r^2_m = r^2 (1 - \sqrt{r^2 - r^2_0}) \tag{5-8}$$

$$\overline{r^2_m} = \frac{r^2_m + r'^2_m}{2} \tag{5-9}$$

$$\Delta r^2_m = | r^2_m - r'^2_m | \tag{5-10}$$

$$CCC = \frac{2\sum_{i=1}^{n_{EXT}} (y_i - \bar{y}_{EXT})(\hat{y}_i - \bar{\hat{y}}_{EXT})}{\sum_{i=1}^{n_{EXT}} (y_i - \bar{y}_{EXT})^2 + \sum_{i=1}^{n_{EXT}} (\hat{y}_i - \bar{\hat{y}}_{EXT})^2 + n_{EXT}(\bar{y}_{EXT} - \bar{\hat{y}}_{EXT})^2} \tag{5-11}$$

其中，n_{TR}和n_{EXT}分别代表训练集和验证集化合物个数，$\bar{y}_{EXT}$和$\bar{\hat{y}}_{EXT}$分别表示验证集化合物活性指标实测值和预测值的平均值，r^2和r_0^2分别代表不过原点和过原点的验证集化合物预测值与实验值线性关系决定系数，r_m^2代表使用验证集化合物预测值作为x，实验值作为y得到的系数，$r_m'^2$代表使用验证集化合物实验值作为x，预测值作为y得到的系数，$\overline{r_m^2}$代表r_m^2和$r_m'^2$的平均值，Δr_m^2代表r_m^2和$r_m'^2$的差值。一般采用R^2和外部验证集的相关系数Q_{EXT3}^2表征模型预测能力。

此外，可计算模型的均方根误差（*RMSE*）用于表征模型的拟合优度和预测能力，见公式5-12。

$$RMSE = \sqrt{\frac{\sum_{i=1}^{n}(y_i - \hat{y}_i)^2}{n}} \tag{5-12}$$

5. 最好能够进行机理解释

当对QSAR模型的解释与现有的理论和机理一致时，就可以增强模型预测值的可信度。基于机理分析的方法来构建QSAR模型，可提高模型的机理解释性。该方法的核心首先是采用结构分析、分子模拟等手段剖析环境行为、毒理效应的内在机理，而后选取可以明确表征这些机制的分子结构参数，再采用简单、透明的数学算法来构建QSAR模型。在这种情况下，所建模型一般具有简明的表达式、较好的拟合优度、稳健性和预测能力，且有利于进行模型机理解释。

（二）化学品分类导则

除了发布QSAR验证导则，OECD在2007年还发布了化学品分类导则，2014年OECD发布了修订版的化学品分类导则。该导则详细介绍了类似物、分类方法、定量/定性Read-across方法等的概念；重点介绍了如何识别类似物，如何采用Read-across、趋势分析等填补数据缺失，以及如何评估这些方法，最后还详述了如何进行这些方法结果的报告。

二、欧盟相关导则

（一）欧盟风险评估技术导则

欧盟风险评估技术导则文件（2003 版）第三部分的第四章和第五章分别介绍了如何在风险评估中使用 QSAR 技术和分类技术。

对于在风险评估中使用的模型，需进行验证和评估。验证和评估考虑的因素包括：模型预测的指标、建模所用数据的产生方法、建模方法、描述符、模型应用域、模型有效性、模型准确性。在风险评估中，有效的 QSAR 模型可用于：

（1）辅助进行数据评估。

（2）帮助决策过程，若关注的指标有必要开展进一步的测试，可用 QSAR模型优化测试策略。

（3）为暴露评估和/或效应评估提供输入参数。

（4）识别潜在需要关注的指标，但不能获取测试数据。

该导则还对水生生物急性毒性指标［鱼（96 h LC_{50}）、大型溞（48 h EC_{50}）、藻（72 h EC_{50}）］、水生生物慢性毒性指标［鱼（28 d NOEC）、大型溞（21 d NOEC）］、正辛醇-水分配系数、土壤吸附系数、亨利常数、生物富集因子、生物降解性、光解、水解等指标的预测模型进行了说明。此外，该导则还对如何报告 QSAR 模型的格式进行了说明。

（二）欧盟信息需求和化学物质安全评估导则

信息需求和化学物质安全评估导则是支撑欧盟 REACH 法规实施而颁布的技术文件。该导则分 6 部分（A～F），含 20 章（R. 1～R. 20），各章节关系如图 5－1 和图 5－2 所示。

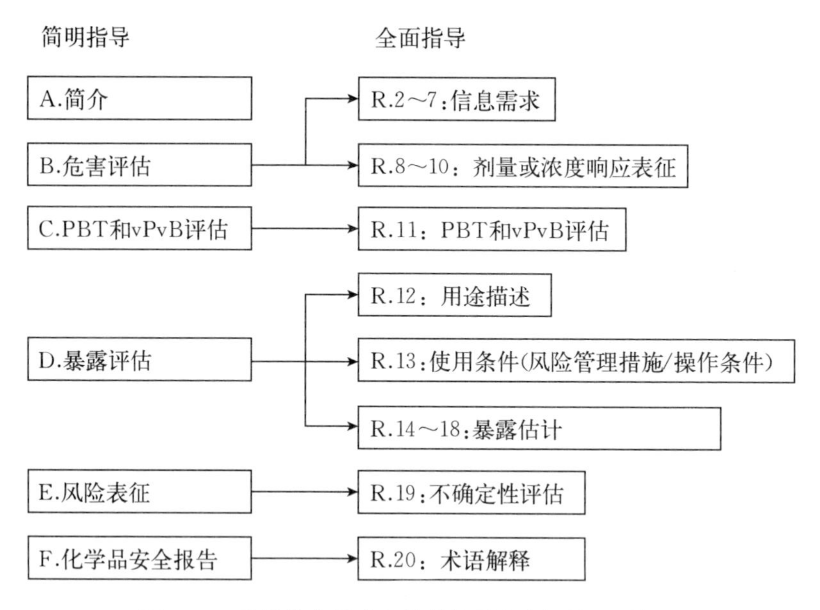

图 5-1　欧盟信息需求和化学物质安全评估导则框架

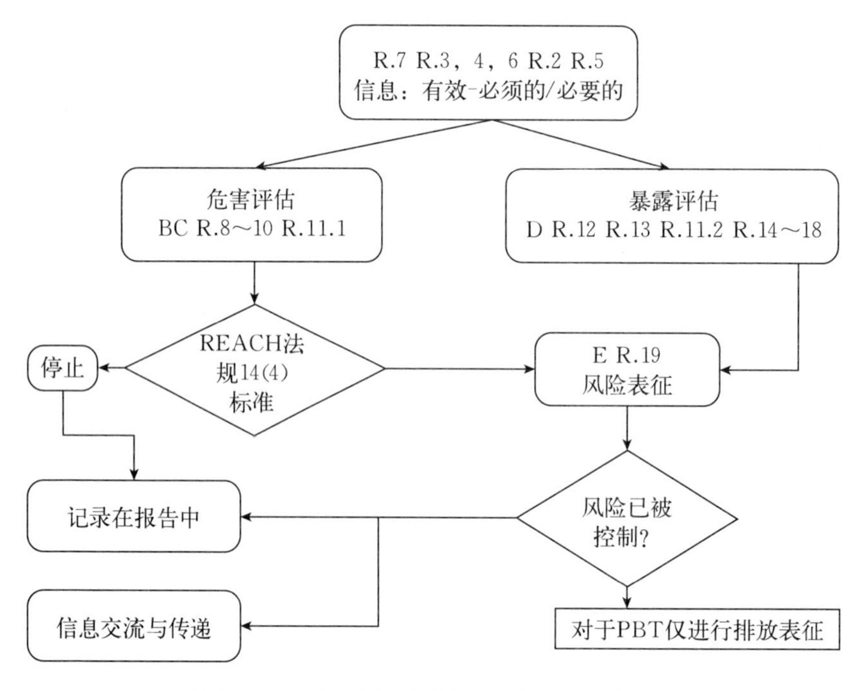

图 5-2　欧盟信息需求和化学物质安全评估导则各部分关系示意图

1. QSAR 模型导则

在该部分仅给出了管理上使用 QSAR 模型需考虑的问题。主要涉及 4 个方面：如何建立 QSAR 模型的有效性？如何建立面向管理的 QSAR 模型的适用性？如何证明和判断面向管理的QSAR模型？怎么找到 QSAR 模型的信息？

QSAR 模型有效性是指根据特定目的对模型性能和机理解释进行评估的过程。“目的”是指 QSAR 模型的科学目的，可通过预测指标和应用域表征。模型性能是指模型的统计有效性，可用拟合优度、稳健性、预测能力参数表征；机理解释是指描述符物理或化学的解释，是描述符与预测指标之间假设的关联性。根据定义，模型有效性是采用 OECD 关于 QSAR 模型验证导则规定的标准对模型进行评估的过程。

QSAR 模型可靠性是指目标化合物是否处于预测模型的应用域范围。若是，则模型可给出可靠的预测结果。目前，没有统一的方法评估模型的可靠性，也没有指标可用于测量可靠性。模型可靠性与模型应用的环境相关。

除了上述的模型本身科学性表征外，在 REACH 中，还强调证明 QSAR 模型预测结果的适用性。在给定管理目的环境下，QSAR 模型需满足下列条件：

需采用有效的模型预测数据；模型需适用于目标化合物；模型的预测指标需与管理目的相关。

上述 3 个方面的关系见图 5-3。

在化学物质评估环境下使用 QSAR 模型，除考虑上述三个方面外，还需考虑完整性。

在该导则中，列举了使用 QSAR 模型辅助化学品管理的例子。例如，辅助进行风险评估；辅助进行化学物质分类和标签；辅助进行 PBT/vPvB 评估。

当在化学物质注册过程中使用 QSAR 模型预测数据替代实验值时，

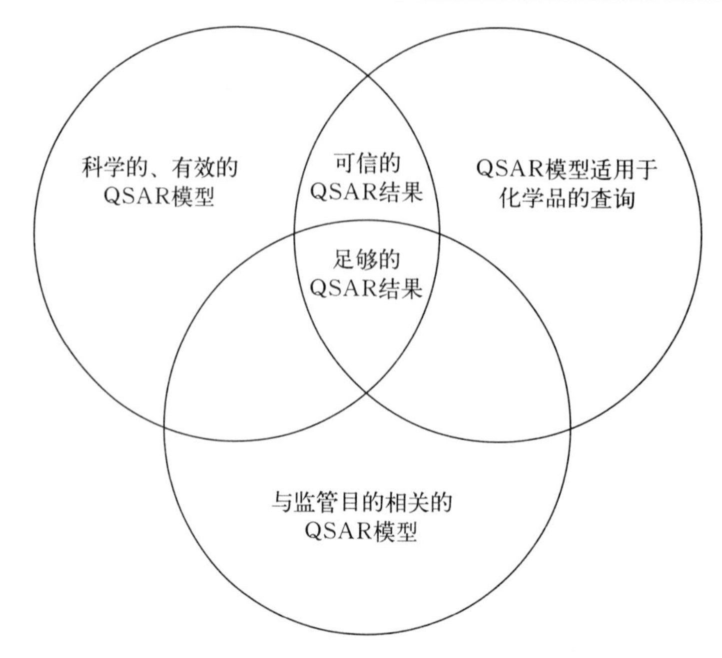

图 5-3　QSAR 模型有效性、可靠性、适用性和管理相关概念的关系

需要通过特定形式证明模型预测结果的适用性。为此，专门制定了 QSAR 报告格式（QSAR Reporting Formats）进行证明。化学物质登记方按照 QSAR 报告格式要求，提供关于模型有效性、可靠性、适用性的证明文件。QSAR 报告格式分为 QSAR 模型报告格式（QSAR Model Reporting Formats QMRF）和 QSAR 预测报告格式（QSAR Prediction Reporting Formats QPRF）两种形式，见表 5-1 和表 5-2。

表 5-1　QSAR 模型报告格式

1	**QSAR 标识符**
1.1	QSAR 标识符(标题)
1.2	其他相关模型
1.3	软件编码模型
2	**一般信息**
2.1	QMRF 日期

（续）

2.2	QMRF 作者和联系方式
2.3	QMRF 更新日期
2.4	QMRF 更新
2.5	模型开发人员和联系方式
2.6	模型开发和/或出版日期
2.7	主要科技论文和/或软件包的参考文献
2.8	关于模型的可用性信息
2.9	另一个与 QMRF 完全相同模型的可用性
3	**确定终点——OECD 原则 1**
3.1	种类
3.2	终点
3.3	对终点的描述
3.4	终点单元
3.5	因变量
3.6	拟定试验
3.7	终点数据质量
4	**定义算法——OECD 原则 2**
4.1	模型类型
4.2	显式算法
4.3	模型中的描述符
4.4	描述符选择
4.5	生成算法和描述符
4.6	生成描述符的软件名称和版本
4.7	描述符个数与化学品个数的比值
5	**定义适用性领域——OECD 原则 3**
5.1	模型适用性领域的描述

（续）

5.2	用于评估适用域的方法
5.3	适用域评估的软件名称和版本
5.4	适用性的限制
6	**定义拟合优度和稳健性——OECD 原则 4**
6.1	训练集的可用性
6.2	训练集的可用信息
6.3	训练集中每个描述符变量的数据
6.4	训练集的因变量（响应）数据
6.5	关于训练集的其他信息
6.6	在建模之前对数据进行预处理
6.7	统计数据的拟合优度
6.8	稳健性-通过留一交叉验证获得的统计数据
6.9	稳健性-通过遗漏-多交叉验证获得的统计数据
6.10	稳健性-统计得到 y
6.11	稳健性-通过辅助程序获得的统计数据
6.12	稳健性-由其他方法获得的统计数据
7	**定义预测性——OECD 原则 4**
7.1	可利用的外部验证集
7.2	外部验证集的可用信息
7.3	外部验证集的每个描述符变量的数据
7.4	外部验证集的因变量的数据
7.5	关于外部验证集的其他信息
7.6	测试装置的实验设计
7.7	预测性-通过外部验证获得的统计数据
7.8	预测性-外部验证集的评估
7.9	对模型的外部验证的评论

（续）

8	**提供一个机械的解释——OECD 原则 5**
8.1	模型的力学基础
8.2	先验的或后验的机理解释
8.3	关于机理解释的其他信息
9	**各方面的信息**
9.1	注解
9.2	参考文献
9.3	支撑信息
10	**JRC QSAR 模型数据库摘要**
10.1	QMRF 数量
10.2	出版日期
10.3	关键词
10.4	注解

表 5-2　QSAR 预测报告格式

1	**物质**
1.1	CAS 号
1.2	EC 号
1.3	化学名称
1.4	结构式
1.5	结构规范 a. SMILES（简化分子线性输入规范） b. InChI（国际化合物标识） c. 其他结构表征 d. 立体化学特性
2	**一般信息**
2.1	QPRF 日期

（续）

2.2	QPRF 作者和联系方式
3	**预测**
3.1	终点（OECD 原则 1） a. 终点 b. 因变量
3.2	算法（OECD 原则 2） a. 模型或子模型名称 b. 模型版本 c. QMRF 的参考 d. 预测值（模型结果） e. 预测价值（注解） f. 预测输入 g. 描述符的值
3.3	适用领域（OECD 原则 3） a. 域 ⅰ. 域描述符 ⅱ. 结构域片段 ⅲ. 机制领域 ⅳ. 代谢领域，假设相关 b. 结构类似物 c. 对结构类似物的考虑
3.4	预测的不确定性（OECD 原则 4）
3.5	根据支撑预测结果的模型的化学和生物机制（OECD 原则 5）。
4	**充分性（可选）**
4.1	监管的目的
4.2	对监管方法的模型结果进行解释
4.3	成果
4.4	结论

使用 QSAR 模型预测数据等非测试数据的步骤依次为：信息收集、

初步分析、使用分类、查询结构、初步评估、类推、QSAR 模型预测、最终评估，见表 5-3。管理上使用预测数据的步骤，见图 5-4。

表 5-3　QSAR 模型预测数据等非测试数据的使用步骤

序号	步骤	内容
0	信息收集	评估 REACH 的信息需求 选择评估的代表性结构 确认物质结构 搜集目标化合物可获取的信息，如物理化学属性、毒性参数等试验数据；非测试数据等 建立目标化学物质信息矩阵
1	初步分析	反应性、摄取、归趋 收集目标化合物反应性的信息 初步分析摄取、归趋 选择合适的问题物质（目标化合物、其反应产物和代谢物）
2	使用分类	对目标指标进行分类
3	查询结构	针对目标指标查询警示结构
4	初步评估	预期的反应、摄取、归趋类型
5	类推	选择一个适合的问题物质 决定问题物质是否属于现有的类别 相似性评估 收集相似物信息，并更新工作信息矩阵 执行 Read-across，并更新工作信息矩阵
6	QSAR 模型预测	提取可获取的目标指标的预测数据或从 QSAR 模型存货库中查询相关的 QSAR 模型或从其他来源查询相关的 QSAR 模型
7	最终评估	专家全面评估上述步骤产生的结果。

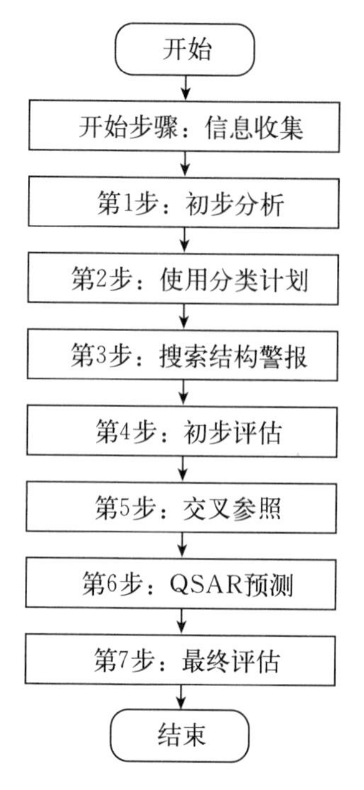

图 5-4　管理上使用预测数据的步骤

2. 化学物质分组导则

分类方法包括类推、趋势分析、外推方法。分类示意图及用其填补数据缺失见图 5-5。可用于类别搜索的网络工具见表 5-4，类别方法报告格式见表 5-5，化学物质类别报告格式见表 5-6。

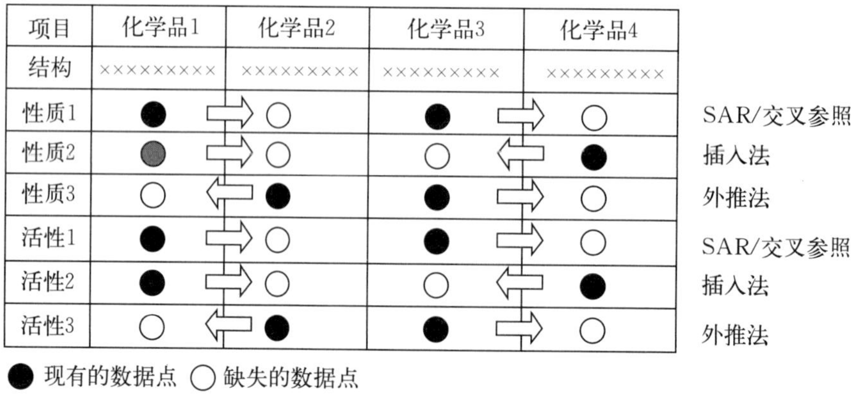

项目	化学品1	化学品2	化学品3	化学品4	
结构	×××××××××	×××××××××	×××××××××	×××××××××	
性质1	● ⇒	○	● ⇒	○	SAR/交叉参照
性质2	● ⇒	○	○	⇐ ●	插入法
性质3	○	⇐ ●	● ⇒	○	外推法
活性1	● ⇒	○	● ⇒	○	SAR/交叉参照
活性2	● ⇒	○	○	⇐ ●	插入法
活性3	○	⇐ ●	● ⇒	○	外推法

● 现有的数据点 ○ 缺失的数据点

图 5-5　分类示意图及用其填补数据缺失

表 5-4　可用于类别搜索的网络工具

工具	备注
AIM	美国环保局的模拟识别方法，链接到公众可得的目标化学物以及结构类似物的实验毒性数据，于2007年初公开，包含31 031条记录，可通过CAS、SMILES和（子）结构进行搜索
Ambit http://ambit.acad.bg	化学数据库和功能工具，包括定义QSAR模型的适用性领域的工具，由IdeaConsult公司开发公开，包含463 426条记录，可通过化学名称、CAS编号、SMILES和（子）结构进行搜索
ChemFinder http://www.chemfinder.com	公开可用和订阅的科学数据库，可通过多种参数进行搜索，包括化学名称、同义词、CAS编号、分子式、化学结构（精确匹配、子结构、相似性搜索）、毒理学和理化性质
ChemID Plus http://chem.sis.nlm.nih.gov/chemidplus	美国国家医学图书馆（NLM）的公开可用数据库，包含超过379 000条记录，可按化学品名称及CAS编号查询
Hazardous Substances Database（HSDB） http://toxnet.nlm.nih.gov	毒理学数据网络（TOXNET），超过4 800份同行评议记录，可按化学名称、片段名称、CAS号码、主题术语搜索
Danish QSAR Database http://ecbqsar.jrc.it	由DK EPA开发的QSAR数据库的公开版本，由欧洲央行网站提供，包含166 000条记录，可按化学名称、CAS号码、终点和（子）结构搜索
Leadscope http://www.leadscope.com	商业上可用的数据库和QSAR功能，可通过化学名称、（子）结构、毒性作用、研究类型和实验条件进行搜索
SciFinder http://www.cas.org/SCIFINDER	商业上可获得的且互联网上可访问的从科学文献和专利上广泛收集化学和生物化学信息的门户，通过化学名称、（子）结构、生物序列和反应，以及研究课题、作者和公司进行搜索

表 5-5　类别方法报告格式

1	模拟方法的假设
2	源化学
3	纯度和杂质
4	模拟方法的理由
5	数据矩阵
6	C&L、PBT/vPvB 和剂量描述符的终点结论

表 5-6　化学物质类别报告格式

1	类别定义及其组成
1.1	类别定义
1.1a	类别假设
1.1b	类别的应用域（AD）
1.2	类别组成
1.3	纯度/杂质
2	类别依据
3	数据矩阵
4	C&L、PBT/vPvB 和剂量描述符的终点结论

发展化学品类别的方法及步骤：

（1）检查目的化合物是否属于已知的类别。

（2）发展类别假设及识别类别成员。

（3）收集类别成员数据。

（4）评估所收集数据的充分性。

（5）构建可用性数据矩阵。

（6）执行初步的类别品和填补数据缺失。

（7）执行或提出测试。

（8）进一步评估类别。

(9) 形成正式证明文件。

(三) 欧盟 Read - across 评估框架

Read - across 评估框架 [Read - Across Assessment Framework (RAAF)] 是欧洲化学品管理局 (ECHA) 组织编写的文件，用于评估 Read - across 方法。需要指出的是，该文件还不是 REACH 法规的官方技术支撑文件。

第六章

全球主要面向化学品管理的计算毒理学模型工具

一、美国化学品管理模型工具的管理与开发

（一）计算毒理学模型生命周期概念

2009 年，美国环保局率先提出模型生命周期的概念。模型生命周期包含问题识别、模型开发、模型评估和模型应用 4 个阶段，如图 6-1 所示。但模型生命周期通常限于开发、评估和应用 3 个主要阶段，问题识别阶段通常包含在模型开发中。

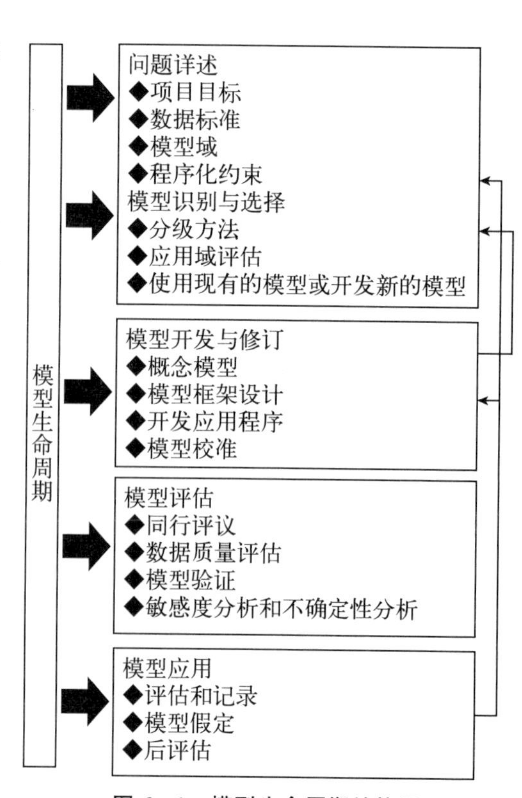

图 6-1　模型生命周期结构图

模型生命周期中的各个步骤常常是连续的，但同时也都是相互关联的。例如，通过解释模型预测结果来评估模型，针对评估问题对模型开发阶段的编码进行修改，

并重新进入模型生命周期的初始阶段。

在开展模型开发工作前，开发人员必须明确是否存在现有的可用的模型。当存在现有可用模型时，应使用生命周期的修改版本。如果现有的模型适用于特定的问题，那么模型开发就会被规避；将生命周期修改为 3 个步骤（虚线显示），见图 6－2。

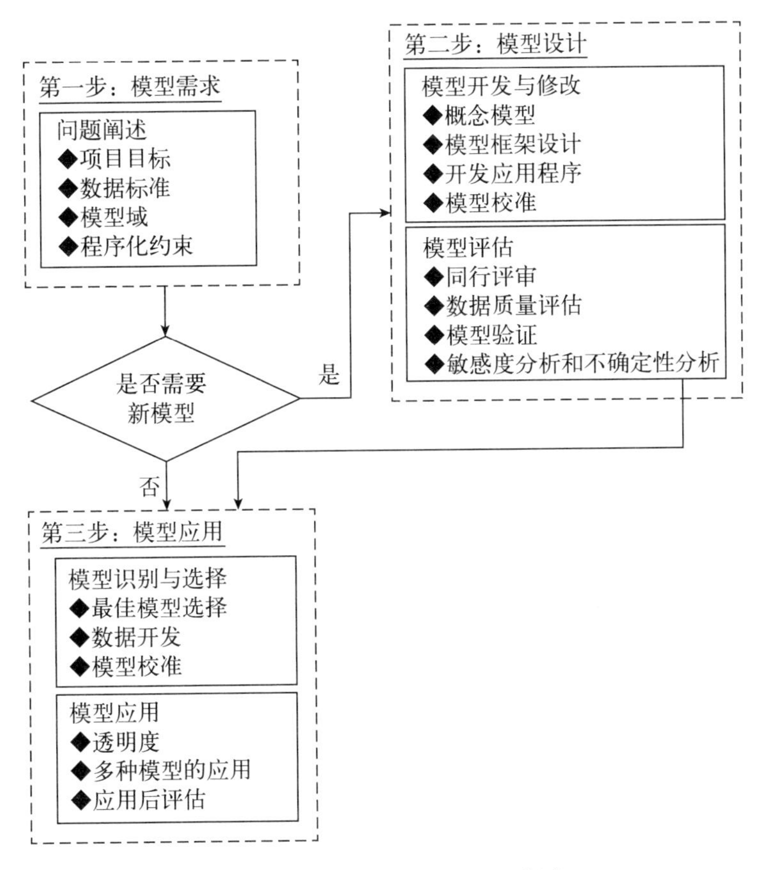

图 6－2　模型生命周期的修改版本

(二) 计算毒理学模型的各个阶段

1. 问题阐述

（1）环境问题说明

在模型开发前，应该明确模型开发所能解决的问题，并确定模型预测结果可以为与该问题相关的决策提供信息。一般而言，需要关注 3 点问题：一是了解化学物质环境管理的问题所在，明确模型开发的目的、意义、用途；二是定义模型时间以及空间尺度以及开发过程细节；三是明确模型应用域、使用用户、输入参数和评估标准等。

（2）建模目标说明

在问题阐述环节，项目团队定义法规或研究目标、最适合满足这些目标的模型的类型和范围、数据标准、模型的应用域，以及任何编程约束。这些考虑事项为开发概念模型提供了基础，定义了建模需求，以便项目团队可以确定是否可以使用现有的模型来满足这些需求，或者是否应该开发新的模型。这些策略是模型生命周期中非常重要的一部分。目标、系统定义和应用程序提供了在整个生命周期中所依赖的许多决策的基础。该阶段问题识别的主要内容为：定义建模目标、范围和类型，标准应用数据选择过程、应用程序、模型性能、程序性约束，概念模型的建立、评价目标和程序。如果存在多个模型，还应定义模型选择标准。

2. 模型开发

模型开发需要开发人员、目标用户和化学物质管理部门共同协作完成。任何一方的观点和技能对于模型开发都是至关重要的。通过三方合作的模式可为解决各方所关注的问题提供适当、可信的解释。

模型开发在确定问题之后开始，即在化学物质管理部门确定了他们所关注的问题，确定模型开发并投入使用后可以解决这些管理决策方面的问题。模型开发可以视为一个过程，有 4 个主要步骤：一是说明问题，二是开发概念模型，三是开发模型框架（数学模型），四是开发应用软件，见图 6－3。

模型生命周期的开发阶段可能是最重要的阶段，因为发生了许多建模项目的决策和定义。在评估和应用阶段，模型开发团队将经常引用并依赖于开发阶段所设定的文档。模式开发为模式评价奠定了基础，这是一个持续的过程，EPA 在其中负责评价现有模式或新模式是否适合帮助解决环

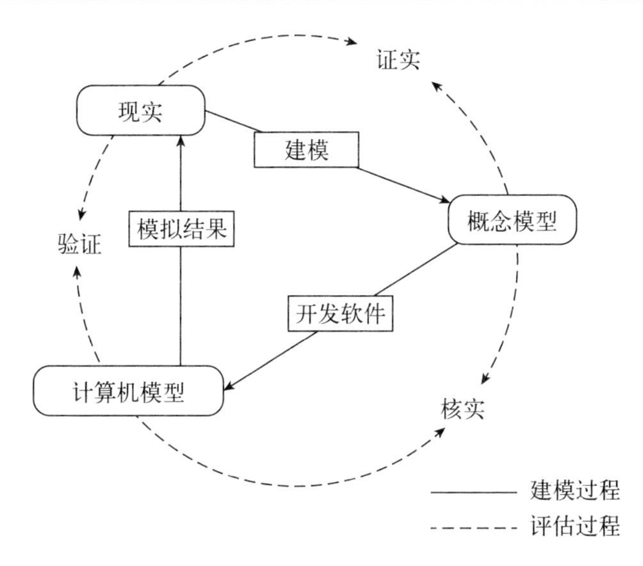

图 6-3　概念模型、计算模型与现实联系起来的过程和评估实践图

境问题。

（1）概念模型的开发

概念模型是描述与管理关注问题、系统、对象或过程的最重要的行为。模型开发人员可以根据文献调研、实地考察、科学试验以及建模相关历史数据等信息，开发概念模型。开发者应该在可能的情况下，清楚地描述概念模型的每个元素（可以是文字、函数表达式、图表和/或图表），并以数学的形式记录每个元素背后的科学（例如，实验室试验、机理证据、基于假设的经验数据、同行评议的文献等）。在可行的范围内，开发者还应该提供关于假设、规模、反馈机制和静态/动态行为的信息。

在这个步骤中，确定模型的编程和应用所需的技能也很重要，还需将这些信息与项目团队中可用的技能进行比较。

概念模型包括两个主要组成部分：一是一组假设，描述系统内的预测关系和选择它们的理由；二是一张图表，说明风险假设中呈现的关系。

创建概念模型的过程是一个不断提升个人水平的过程，其好处包括 4 个方面：一是随着知识的增加，概念模型很容易修改；二是概念模型强调已知和未知的内容，可以用于计划未来的工作；三是概念模型为模型评估提供了对系统的假设和理解的明确表达；四是概念模型为预测提供了框架，可以生成更多假设模式。

（2）模型框架的选择

一旦模型开发团队明确了现实中需要面临的问题和模型类型，下一步就是识别或开发解决这些问题的模型框架。模型框架是一种正式的数学规范，描述与面临问题相关的系统、对象或过程，通常被开发成计算机软件。

在模型开发团队继续开发模型框架之前，应首先确保可应用的模型是否存在。对于一般环境问题的力学建模，可能存在一个或多个合适的模型框架。公共领域的许多现有模型框架都可以用于环境评估，包括 EPA 在内的若干机构不断发展和维护这些模式框架。在理想情况下，多个模型框架将满足项目需求，项目团队可以为指定的问题选择最佳模型。

评估现有模型框架时要考虑的问题如下：①模型的复杂性是否能解决当前面临的问题？②数据的质量和数量是否支持模型的选择？③模型框架是否反映了概念模型的所有相关组件？④模型代码是否已经开发和验证了？

然而，如果没有一个模型框架适合这项任务，EPA 会开发一个新的模型框架或修改现有的框架，以满足项目需要的额外功能。

（3）模型的复杂性分析

当在多种模型框架中进行选择或确定现有模型框架对管理者所关注问题的适用性时，复杂性是一个需要考虑的重要参数。模型的复杂性会影响不确定性。当有关特定因素、参数（输入）或模型的知识不完整时，就存在不确定性。模型有两种基本类型的不确定性：一是模型框架的不确定性，这是一个功能健全的模型客观存在的。二是数据的不确定性，是在收集和处理用于表征模型参数的数据时，由于测量误差、分析不准确和样本容量有限而产生的不确定性。

这两种类型的不确定性具有相互关系，一种增加，另一种则减少，见

图6-4。随着模型变得更加复杂，模型需要处理更多的运算过程和更多的输入变量。因此，其性能往往会下降，导致预测数据的不确定性。由于不同的模型包含不同类型和范围的不确定性，在模型开发阶段的早期进行敏感性分析，以确定模型参数的相对重要性是很有用的。敏感性分析是确定模型输入值或假设（包括边界和模型函数形式）的变化如何影响模型输出的过程。

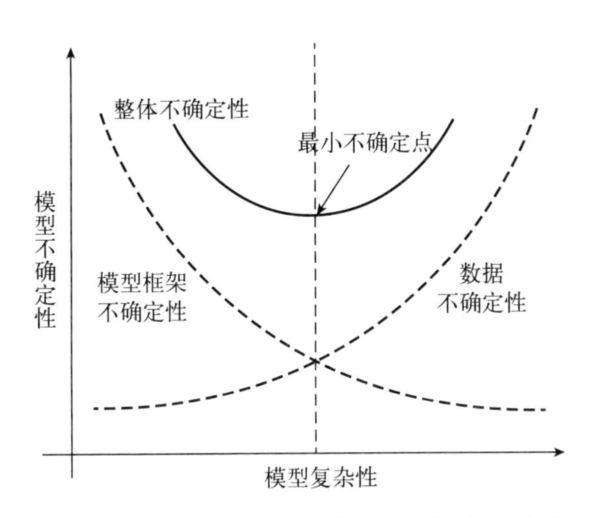

图6-4　模型不确定性和数据不确定性之间的关系

（4）模型编码与验证

模型编码将构成模型框架的数学方程转换为有效的计算机代码。代码验证是一项重要的实践，它决定了计算机代码不存在固有的数值问题。代码验证还测试代码是否按照其设计规范执行。

（5）应用程序工具开发

一旦选择或开发了模型框架，建模人员就应该用解决问题所需的特定系统特征填充模型框架，包括模型域的地理边界、边界条件、污染源输入以及其他模型参数等。通过这种方式，模型框架的通用计算能力被转换成应用程序工具，从而评估在特定位置发生的特定问题。模型参数是模型开发过程中的专业术语，在模型运行或模拟过程中是固定的，但可以在不同

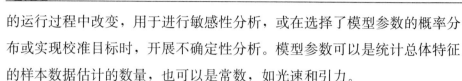

的运行过程中改变，用于进行敏感性分析，或在选择了模型参数的概率分布或实现校准目标时，开展不确定性分析。模型参数可以是统计总体特征的样本数据估计的数量，也可以是常数，如光速和引力。

（6）输入数据

随着模型变得越来越复杂，它们通常不仅需要更多的数据，而且还需要展示可能难以获得的复杂过程的数据。因此，对模型输入数据的数据质量进行质控是至关重要的。模型中使用的输入数据的质量通常由一组指标来描述——精确度、偏差、代表性、可比性、完整性、敏感性等。

（7）模型校准

校准是在模型应用域范围内调整模型参数的过程，直到最终的预测与测试数据尽可能地匹配。在某些学科中，校准也被称为“参数估计”。模型校准在每个建模领域有所不同。例如，在一些领域中，应尽可能地避免校准，但是在另一些领域，对模型的每次应用都要进行校准，而且可以是针对特定地点的校准。

3. 模型评估

模型评估可以有效地应用于整个模型开发、验证和应用。模型评估应回答以下 4 个核心问题：一是模型开发过程是否基于科学原则？二是模型开展过程中使用的建模数据的数量和质量如何保障？三是模型有多接近真实的生态系统？四是模型如何在执行指定任务的同时满足建模目标？

这 4 个因素解决了模型质量的两个方面的问题。第一个因素关注于模型的内在机制和一般属性，而不考虑其他应用到的特定任务。后 3 个因素是在特定环境条件中评估模型的使用。模型质量是一个只有在特定模型应用程序的环境中才有意义的属性。当可以获得评估这些因素的信息时，就可以知道支持决策的模型的质量。因此，模型评估的实质目标就是保证模型的质量。

模型评估可以根据现实问题的情况进行修改，且方案的要求是不同的。例如，用于风险管理的筛选模型（一种旨在提供“保守的”或风险规

避的模型）应该经过严格的评估，以避免假阴性，同时要保证不会因为预测数据的生成对受监管的区域施加不合理的负担（假阳性）。在理想情况下，决策者和建模人员应该在新项目开始时一起工作，以确定模型评估的适当程度。

有时，一些模型评估需要关联多个模型。例如，一个模型的输出数据被用作另一个模型的输入数据。当使用关联模型时，应该在模型开发和评估过程的每个阶段评估每个关联模型，以及集成模型的整个系统。

外部环境会影响模型评估的严谨性。例如，当建模的代价非常昂贵或建模存在争议时，更详细的模型评估可能是必要的。在这些情况下，建模的许多方面可能需要仔细检查，建模人员必须记录模型评估过程的结果，并准备回答可能出现的模型相关问题。当遇到建模之前没有考虑过的独特或极端情况时，更深入的模型评估也可能是合适的。

（1）同行评审

同行评审程序为独立评估和审查 EPA 提出的环境模型主要机制。这个环节可以发现模型初稿中的技术问题、疏忽或未解决的问题等。同行评审在模型生命周期的每个阶段都很重要。其目的有两方面：一是评估从环境模型中得出的假设、方法和结论是否建立在健全的科学原则基础上；二是检查每一个模型在科学上的适宜性，并告知管理者。

同行评审过程也应该在 QA 计划中得到很好的记录。在模型开发的早期阶段，团队应该确定预期的评估事件和同行评审过程。

（2）质量保证计划（QAPP）

一个执行良好的质量保证计划（QAPP）有助于确保模型评估的实施，以及一个模型将如何执行指定的任务。在质量保证计划中设定的模型的目标和类型也可以经过同行评审。

数据质量评估是包括建模活动在内的任何 QA 计划不可或缺的组成部分。数据质量评估能够确保一个模型根据可靠的科学原则开发出来。虽然数据中的一些变化是不可避免的，但坚持数据质量评估原则有助于将数据的不确定性最小化。与同行评审类似，数据质量评估应确保（EPA，2002a）：①该模型所使用的数据质量较高；②最小化数据不确定性；③该模型具有可靠的科学原理基础。

模型开发涉及的所有关键阶段使用的参数化和模型验证所使用的支持数据均应进行质量评估。这样做的目的是评估可用的数据是否足以支持所选用模型的应用，并确保数据足够代表正在建模的真实系统，从而提供与观测数据的有意义的比较。这些评估可以是定性或定量的（即是否有足够的适当数据）。

（3）不确定性分析

当开发和使用一个环境模型时，建模者和决策者应该考虑在一个特定模型应用程序的环境中哪些程度的不确定性是可以接受的。在该体系中影响模型质量的不确定性分为以下3类：一是模型框架的不确定性，包括对建模系统行为因素的了解不足、时空分布的限制以及系统的简化程度等。二是模型输入的不确定性，由数据测量误差、测量值与模型使用值之间的不一致（如其聚合/平均水平）和参数值的不确定度造成。三是模型领域的不确定性，由使用了系统之外的模型而导致的，该模型最初是针对该系统开发的，或者从几个具有不同空间或时间尺度的现有模型中开发一个更大的模型。为了充分了解和掌握上述三类不确定性，该体系采用了模型验证、敏感性分析和不确定度分析3种分析方法评估不确定性。

① 模型验证

模型评估与模型验证经常被混淆，不同的学科赋予这些术语不同的含义。由于从模型中得出的预测永远不可能完全准确，也不可能完全符合现实，一些研究人员断言，没有一个模型是真正“验证过的”。经过验证的模型是指那些已经被证明与特定的实际数据集相对应的模型。因此，EPA使用了“确证”这个术语，并将重点放在模型评估的过程和技术上，而不是模型验证。“验证”是通常应用于评估过程的另一个术语，通常是指模型开发部分中定义的模型代码验证。

模型确证的作用是评估模型与现实相符的程度，可以是定性的（理论的）或定量的。这些方法的严格程度取决于模型应用程序的类型和目的。定量模型确证使用统计数据来估计模型结果与实际系统中的测量值的匹配程度。定性确证活动可能包括专家评议，以获得对数据不足情况下系统行为的可信度。这些确证活动可能会使模型预测走向共识。

定量方法是评估模型的稳健性，其稳健性是指模型在其设计所针对的全部环境条件下同样表现良好的能力。这些评估依赖于统计措施来计算模型结果和测量数据之间的各种拟合措施。模型性能度量通过偏差来评估模型结果与测量数据的接近程度。每种方法都有优点和缺点，在选择评估措施时应加以考虑。例如，建模效率是一种直接将模型预测与实测数据联系起来的无量纲统计量，均方根误差是一种对异常值敏感但能准确描述建模数据与测量数据之间关系的方法。

定性方法，如专家判断法，可以为开发团队提供关于数据不足情况下系统行为的信心。利用现有的专家知识，通过共识和一致性来实现定性确证。

② 敏感性分析与不确定性分析

敏感性分析和不确定性分析是模型评价的两大重要组成部分。敏感性分析被定义为计算输入值或假设（包括边界和模型函数形式）的变化对输出的影响。不确定性分析研究知识的缺乏或潜在误差对模型输出的影响。虽然敏感性和不确定性分析密切相关，但敏感性是基于模型“变量”的算法，而不确定性是基于参数的。敏感性分析评估模型对特定参数的“敏感性”，而不确定性分析评估与参数值相关的“不确定性”。这两种类型的分析对于理解用户对模型结果的置信度都很重要。

敏感性分析的目的可以是双重的。首先，敏感性分析可以计算模型输入变化对输出的影响。其次，敏感性分析可以用来研究模型输出中的不确定性如何系统地分配到模型输入中的不同的不确定性源。敏感性分析的方法有很多，所选择的方法取决于所做的假设和分析所需的信息量。对于大多数方法来说，考虑响应平面的几何形状以及参数和/或输入变量之间潜在的相互作用是很重要的。根据模型的基本假设，最好是用简单的方法开始敏感性分析，首先识别最敏感的输入，然后对这些输入应用更密集的方法。

不确定性在整个建模过程中都是固有的，而减少应用程序的不确定性才是不确定性分析的首要任务。通过对相关的不确定因素进行适当的量化和沟通，模型仍然可以成为提供决策信息的有价值的工具。结合敏感性分析进行不确定性分析时，模型使用者可以更加了解模型结果的可信度。不确定性分析从描述相关建模的不确定性开始，通常使用框架或不确定矩阵将不确定性作为一种三维关系来讨论，见图6－5。

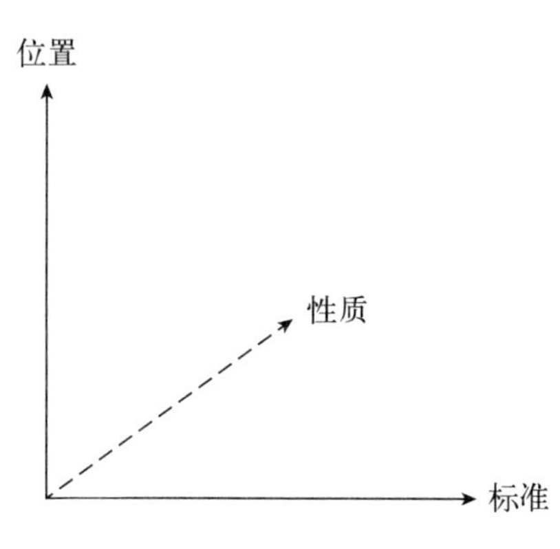

图6－5　不确定性的三维关系示意图

位置：不确定性在复杂的模型中表现出来（应用程序、框架或输入不确定性）。

标准：在确定性知识和完全无知之间的光谱上的不确定性程度。

性质：不确定性是来自认识上的不确定性，还是所描述的现象固有的可变性。

4. 模型应用

一旦一个模型被决策者接受使用，它就会被应用到建模过程的第一阶段所确定的问题中。模型应用通常涉及从模型开发和评估阶段使用的后验（根据过去观察到的条件测试模型）到应用阶段的预测（预测未来的变更）的转变。这可能涉及建模人员和程序人员之间的协作工作，以设计代表不同监管替代方案的管理场景。一些模型应用可能需要试错模型模拟，其中模型输入迭代地改变，直至达到所需的环境条件。

（1）透明度

在模型使用过程中，透明度是一个至关重要的特征。透明度指在可行的范围内记录关于模型的所有相关信息，特别是当涉及有争议的决策时。所有的技术信息都应该以一种决策者和利益相关者能够容易解释和理解的方式记录下来，有效地将不确定性传达给对模型结果感兴趣的任何人。

（2）多种模型的应用

不同模型有时适用于不同的决策制定需求。例如，许多空气质量模型，每一种都有其自身的优点和缺点，可用于不同监管目的。在其他情况下，利益相关者可以使用其他模型来进行其他风险评估。解决这个问题的一种方法是使用不同模型来预测相同的结果。这样便可以观察到不同建模选择对预测结果的敏感性，以及对来自任何一个模型预测的结果的信任度。经验表明，运行多个模型可以增加对模型预测结果的信心。然而，资源限制或监管时间限制可能会限制充分评估所有可能模型的能力。模型筛选流程见图 6－6。

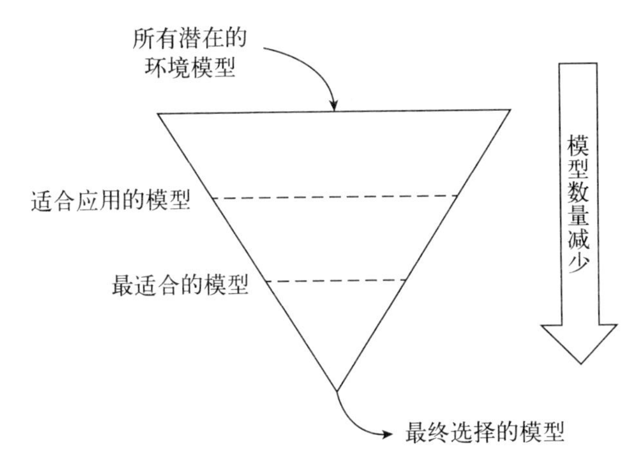

图 6－6　模型筛选流程

在许多场景中，可能有许多模型适合于特定的应用程序，项目团队使用模型评估的定量和定性方法来为他们的建模应用程序选择最佳模型。根据模型的统计性能和测量数据对模型进行排名有助于模型选择过程。当模型的定量度量不能实现时，将一种模式与另一种模式区分开来，模式选择就会转向更定性的性质。过去的使用情况、公众熟悉程度、成本或资源需求以及可用性都可以是帮助确定最合适模型的有用指标。

（3）事后评估模式

由于时间的复杂性、限制、资源的稀缺和缺乏对科学的理解，技术决策往往基于不完整的信息和不完美的模型。此外，即使模型开发人员努力使用现有的最佳科学，科学知识和理解仍在不断进步。考虑到这一事实，决策者应该在迭代的环境中使用模型结果，并在不断改进的过程中不断细化模型，以演示基于模型的决策的可靠性。这一过程包括进行模型后评估，达到评估和改进模型及验证其为管理决策提供有价值预测的能力的目的。模型确证过程是证明模型与过去系统行为的匹配程度，模型后评估是评估模型预测未来的能力。

模型后评估包括在实施补救或管理行动之后监视建模的系统，以确定实际的系统响应是否与模型预测的一致。但由于资源限制，对所有模型进行事后评估是不可行的。但是，对常用模型进行有针对性的审计可能会为改进模型框架和模型参数提供有价值的信息。而且，事后评估还应该评估模型开发和使用过程在决策制定者和其他利益相关者中的有效性。

（三）计算毒理学模型工具 EPI Suite™

US-EPA 开发了 EPI Suite™软件，包括 K_{OW}、K_{OC}、H、SW、Bp、Mp、P、BCF、生物降解性、空气中的氧化速率、水解速率、污水处理厂去除效率等内容的子程序。EPI Suite™主要模块见表 6-1。

表 6-1　EPI Suite™主要模块

名称	功　能
KOWWIN™	使用 AFC 碎片常数法估算化学物质的正辛醇-水分配系数
AOPWIN™	估算大气中大部分氧化剂、氢氧自由基与化学物质反应的气相反应速率

（续）

名称	功　能
HENRYWIN™	使用基团贡献法和键贡献法计算亨利常数（空气-水分配系数）
MPBPWIN™	通过组合技术估算有机化学物质的熔点、沸点和蒸汽压
BIOWIN™	通过 7 种不同的模型估算有机化学物质的有氧和无氧生物降解能力
BioHCwin	估算只含碳、氢元素的化合物（如烃类物质）的生物降解半衰期
KOCWIN™	之前称为 PCKOCWIN™，估算碳化后对土壤和沉积物的吸附系数，如 K_{OC}
WSKOWWIN™	在 KOWWIN™程序估算出的正辛酸-水分配系数下，再通过合适的修正系数（如果有）估算化学物质的水中溶解度
WATERNT™	使用碎片常数法直接估算水中溶解度，与 KOWWIN™套件相似
BCFBAF™	使用两种方法估算鱼体生物蓄积系数及其对数。基于 log K_{OW}加上合适的修正系数的传统回归法。Arnot - Gobas 方法，通过机理法（mechanistic first principles）计算 BCF
HYDROWIN™	估算以下物质的水解速率常数和半衰期：酯类、氨基甲酸酯类、环氧衍生物、卤代甲烷、烷基卤化物和含磷脂类
KOAWIN	由 KOWWIN™得出的 K_{OW}（正辛醇-水分配系数）与由 KOWWIN™得出无量纲的 K_{AW}（亨利常数）的比值估算 K_{OA}（正辛醇-空气分配系数）
AEROWIN™	估算空气中被吸附的物质浓度
WVOLWIN™	估算化学物质淡水里的挥发速率，计算半衰期
STPWIN™	估算化学物质在污水处理厂活性污泥中的去除率
LEV3EPI™	估算稳定状态下，化学物质在空气、土壤、沉积物和水体中的分布情况
ECOSAR™	估算工业化学物质对水生生物的毒性

（四）计算毒理学模型工具 ECOSAR

ECOSAR 是预测化学物质水生毒性（藻、溞、鱼）的工具，是美国环保局支撑 TSCA 法规的工具之一。

（五）计算毒理学模型工具 AIM

The Analog Identification Methodology（AIM）是美国环保局为利于进行 Read - across 和化学物质分组而开发的软件。AIM 包含 86 000 个化学物质。使用基于分子碎片的方法（使用 645 个碎片），筛选类似物。AIM 是美国环保局支撑 TSCA 法规的工具之一。

（六）计算毒理学模型工具 OncoLogic®

OncoLogic®是美国环保局开发用于评估化学物质是否具有致癌性的专家系统，是美国环保局污染防治办公室（OPPT）与 Logichem 公司合作开发的。OncoLogic®是基于 SAR 分析进行评估的软件。OncoLogic®是美国环保局支撑 TSCA 法规的工具之一。

二、欧盟化学品管理模型工具的管理与开发

（一）JRC QSAR 模型数据库

1. JRC QSAR 模型数据库简介

JRC QSAR 模型数据库是一个历史档案，提供关于 QSAR 模型有效性的信息，该数据库可用于识别有效的 QSAR，例如，用于监管目的。这些 QSAR 模型提交给 JRC 的欧盟动物试验替代参考实验室（EURL EC-VAM），EURL ECVAM 是 JRC 的组成部分，位于意大利 Ispra 的 JRC 站点。EURL ECVAM 官网规定，应根据 OECD 标准（QSAR 模型报告格式，QMRF）来描述和记录 QSAR 模型。QMRF 是一个统一的模板，用

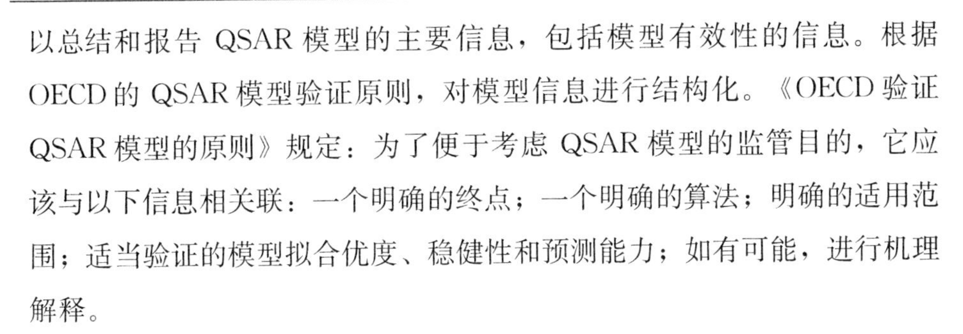

以总结和报告 QSAR 模型的主要信息，包括模型有效性的信息。根据 OECD 的 QSAR 模型验证原则，对模型信息进行结构化。《OECD 验证 QSAR 模型的原则》规定：为了便于考虑 QSAR 模型的监管目的，它应该与以下信息相关联：一个明确的终点；一个明确的算法；明确的适用范围；适当验证的模型拟合优度、稳健性和预测能力；如有可能，进行机理解释。

2. JRC QSAR 模型评审程序

2017 年，JRC 发布《JRC QSAR 模型数据库 用户支持和教程》《JRC QSAR 模型数据库 SDF -结构数据格式 如何从 SMILES 中创造》《JRC QSAR 模型数据库 作者和编辑指南》《JRC QSAR 模型数据库 审稿人指南和协议模板》，这一系列指导文件规定了模型开发者如何提交模型相关有效信息，JRC 组织评审专家对模型相关信息进行评审，以及 JRC 在官网上发布 QSAR 模型的具体要求。

(1)《JRC QSAR 模型数据库 用户支持和教程》

该教程介绍了 JRC QSAR 模型数据库，并提供了如何编译新模型、更新现有模型和通过 JRC QSAR 模型数据库发布它们的指导。此外，本教程介绍了终点分类、QSAR模型报告格式（QMRF）要点说明、如何找到 JRC QSAR 模型数据库以及如何在 QMRF 编辑器中填写 QMRF 报告等。

JRC QSAR 模型数据库是一个可自由访问的 web 应用程序，它允许用户提交、发布和搜索 QSAR 模型报告格式（QMRF）报告。QSAR 模型的开发人员和用户可以使用 QMRF 向专用邮箱提交有关 QSAR 的信息。可下载 QMRF 编辑器用于此目的。然后，JRC 对提交的 QMRF 进行质量控制（即文件的充分性和完整性）。JRC QSAR 模型数据库中包含了适当记录的 QMRFs。

JRC QSAR 模型评审程序流程：第一步由开发者提交报告初稿，JRC 审查报告完整性并确定评审专家；第二步由评审专家对报告进行审查，

JRC 将审查意见反馈给开发者，开发者进一步修改报告；第三步由 JRC 接受并对报告做最后检查并发布。

终点分类包括理化性质分类 26 种、环境行为参数 11 种、生态毒性效应 13 种、人体健康效应 19 种、毒性动力学 10 种以及其他。终点分类见表 6-2。

表 6-2 终点分类表

分类		编号	终点名称	备注
QMRF 1	理化性质	QMRF 1.11	吸附/解吸	
		QMRF 1.9	空气-水分配系数（亨利常数，H）	
		QMRF 1.22	自燃	
		QMRF 1.24	聚合物的平均分子量	
		QMRF 1.2	沸点	
		QMRF 1.12	在水中复杂的形成能力	
		QMRF 1.13	密度	
		QMRF 1.10	解离常数（pKa）	
		QMRF 1.21	爆炸性	
		QMRF 1.18	脂溶性	
		QMRF 1.20	易燃性	
		QMRF 1.19	闪点	
		QMRF 1.15	水解	
		QMRF 1.26	纤维的长度加权几何平均直径	
		QMRF 1.1	熔点	
		QMRF 1.8	正辛醇-空气分配系数（Koa）	
		QMRF 1.7	正辛醇-水分布系数（D）	
		QMRF 1.6	正辛醇-水分配系数（Kow）	

（续）

分类		编号	终点名称	备注
QMRF 1	理化性质		EC A. 8	分配系数（EU 法包括摇瓶法和 HPLC 法）
			OECD 123	分配系数（n-辛醇/水）：缓慢搅拌方法
			OECD 117	分配系数（n-辛醇/水）HPLC 法
			OECD 107	分配系数（n-辛醇/水）；摇瓶法
		QMRF 1. 23	氧化性	
		QMRF 1. 14	粒度分布	
		QMRF 1. 25	聚合物在水中溶解/萃取行为	
		QMRF 1. 16	稳定性	
		QMRF 1. 5	表面张力	
		QMRF 1. 4	蒸汽压	
		QMRF 1. 17	黏度	
		QMRF 1. 3	水溶性	
QMRF 2	环境行为参数	QMRF 2. 8	沉积物吸附/解吸	
		QMRF 2. 7	土壤吸附/解吸	
		QMRF 2. 5a	生物体内积累 BAF 鱼	
		QMRF 2. 5b	生物体内积累 BAF 其他生物	
		QMRF 2. 4a	生物浓缩 BCF 鱼	
			EC C. 13	生物浓缩：鱼类流动试验

（续）

分类		编号	终点名称	备注
QMRF 2	环境行为参数		OECD 305	生物浓缩：鱼类流动试验
		QMRF 2.4b	生物浓缩 BCF 其他生物	
		OECD 228	测定一种试验化学品对双翅类昆虫粪蝇的发育毒性	
		QMRF 2.6	分配系数：有机碳吸附分配系数（有机碳；*K*oc）	
		QMRF 2.2a	持久性：在空气中的非生物降解（光转化）。直接光解	
		QMRF 2.2b	持久性：在空气中的非生物降解（光转化）。间接光解（羟基自由基反应，臭氧自由基反应，其他）	
		QMRF 2.1a	持久性：在水中的非生物降解。水解	
		QMRF 2.1c	持久性：在水中的非生物降解。其他	
		QMRF 2.1b	持久性：在水中的非生物降解。氧化	
		QMRF 2.3b	持久性：生物降解。生物降解时间范围（初级，最终降解）	
		QMRF 2.3a	持久性：生物降解。快速/非快速生物降解能力	
		QMRF 2.10	植物-空气分配系数	
		QMRF 2.11	植物-土壤分配系数	
		QMRF 2.9	植物-水分配系数	

（续）

分类		编号	终点名称	备注
QMRF 3	生态毒性效应	QMRF 3.3	对鱼类的急性毒性（致死率）	
			EC C.1	对鱼类的急性毒性
			OECD 203	鱼，急性毒性试验
		QMRF 3.4	对水蚤的长期毒性（致死、生殖抑制）	
			EC C.20	大型溞繁殖试验
			OECD 211	大型溞繁殖试验
		QMRF 3.5	对鱼类的长期毒性（卵/囊鱼苗、幼鱼生长抑制、早期生命阶段、整个生命周期）	
		QMRF 3.6	微生物抑制（活性污泥呼吸抑制、硝化抑制，其他）	
			OECD 209	活性污泥，呼吸抑制试验
			EC C.11	生物降解：活性污泥呼吸抑制试验
		QMRF 3.1	对水蚤的短期毒性（固定）	
			EC C.2	水蚤急性固定试验
			OECD 202	水蚤急性固定试验
		QMRF 3.2	对藻类的短期毒性（抑制指数生长速率）	
			OECD 201	藻类生长抑制试验
			EC C.3	淡水藻类和蓝藻，生长抑制试验

（续）

分类		编号	终点名称	备注
QMRF 3	生态毒性效应	QMRF 3.12b	对鸟类的长期毒性（生存、生长、繁殖）	
			OECD 205	鸟类饮食毒性试验
		QMRF 3.12a	对鸟类的短期毒性（喂养、灌胃、其他）	
			OECD 205	鸟类饮食毒性试验
		QMRF 3.8	对蚯蚓的毒性（生存、生长、繁殖）	
		QMRF 3.13b	蜜蜂毒性 急性接触毒性	
			EC C.17	蜜蜂-急性接触毒性
			OECD 214	蜜蜂-急性接触毒性
		QMRF 3.13a	蜜蜂毒性 急性口服毒性	
		QMRF 3.9	对植物的毒性（叶子、种子萌发、根伸长）	
		QMRF 3.11	对沉积物生物的毒性（生存、生长、繁殖）	
		QMRF 3.10	对土壤无脊椎动物的毒性（生存、生长、繁殖）	
		QMRF 3.7	对土壤微生物的毒性（c矿化抑制，n矿化抑制，其他）	
QMRF 4	人体健康效应	QMRF 4.3	急性皮肤毒性	
		QMRF 4.1	急性吸入毒性	
		QMRF 4.2	急性口服毒性	
			OECD 423	急性口服毒性-急性毒性分级法

（续）

分类		编号	终点名称	备注
QMRF 4	人体健康效应		OECD 401	急性口服毒性 DELETED
			OECD 420	急性口服毒性-固定剂量法
			OECD 425	急性口服毒性上下操作
			EC B. 1	急性毒性（口服）
			EC B. 1. tris.	急性毒性（口服）急性毒性分级法
			EC B. 1. bis.	急性毒性（口服）固定剂量法
		QMRF 4. 5	急性刺激过敏	
		QMRF 4. 12	致癌性	
			OECD 451	致癌性试验
			EC B. 32	致癌性试验
			OECD 453	慢性毒性/致癌性联合研究
			EC B. 33	慢性毒性/致癌性联合试验
		QMRF 4. 18c	内分泌活动。其他（例如，抑制参与激素合成或调节的特定酶，特定酶和激素）	
		QMRF 4. 18a	内分泌活动。受体结合（指定受体）	

（续）

分类		编号	终点名称	备注
QMRF 4	人体健康效应		OECD 441	大鼠 Hershberger 生物测定法：（抗）雄激素特性的短期筛选试验
			OECD 440	啮齿动物 Uterotrophic 生物测定法：雌激素特性的短期筛选试验
		QMRF 4.9	眼睛刺激/腐蚀	
		QMRF 4.15	体外生殖毒性（如胚胎干细胞等细胞培养中的胚胎毒性作用）	
		QMRF 4.17	体内产前、产期、产后发育和/或生育能力（1代或2代）	
		QMRF 4.16	在体内的产前发育毒性	
		QMRF 4.10	致突变性	
			OECD 471	细菌反突变试验
			OECD 482	DNA 损伤与修复，哺乳动物细胞体外 DNA 合成
			EC B.18	DNA 损伤和修复-非常规 DNA 合成-体外哺乳动物细胞
			EC B.15	基因突变 Saccharomyces Cerevisiae

（续）

分类		编号	终点名称	备注
QMRF 4	人体健康效应		EC B. 17	体外哺乳动物细胞基因突变试验
			OECD 476	体外哺乳动物细胞基因突变检测
			OECD 473	体外哺乳动物染色体畸变试验
			OECD 479	哺乳动物细胞的体外姐妹染色单体交换试验
			EC B. 21	体外哺乳动物细胞转化试验
			OECD 487	体外微核试验
			OECD 474	乳腺红细胞微核试验
			OECD 475	哺乳动物骨髓染色体畸变试验
			EC B. 23	哺乳动物精原细胞染色体畸变试验
			OECD 483	哺乳动物精原细胞染色体畸变试验
			EC B. 16	有丝分裂重组 Saccharomyces Cerevisiae
			EC B. 25	小鼠遗传易位
			OECD 485	小鼠可遗传易位试验

（续）

分类		编号	终点名称	备注
QMRF 4	人体健康效应		EC B. 24	小鼠斑点测试
			OECD 484	小鼠斑点测试
			EC B. 10	诱变性-体外哺乳动物染色体畸变试验
			EC B. 12	乳腺红细胞微核试验的体内致突变性
			EC B. 11	体内哺乳动物骨髓染色体畸变试验的致突变性
			EC B. 13/14	诱变性：使用细菌进行反向诱变试验
			EC B. 22	啮齿动物显性致死试验
			OECD 478	啮齿动物显性致死试验
			OECD 480	Saccharomyces Cerevisiae，基因突变分析
			OECD 481	Saccharomyces Cerevisiae，有丝分裂重组试验
			EC B. 20	黑腹果蝇性别连锁隐性致死试验

（续）

分类		编号	终点名称	备注
QMRF 4	人体健康效应		OECD 477	黑腹果蝇性别连锁隐性致死试验
			EC B. 19	体外姐妹染色单体交换试验
			EC B. 39	用哺乳动物肝细胞进行体外 DNA 合成（UDS）试验
			OECD 486	用哺乳动物肝细胞进行体外 DNA 合成（UDS）试验
		QMRF 4.19	神经毒性	
		QMRF 4.13	光致癌性	
		QMRF 4.11	光致突变性	
		QMRF 4.8	光敏感作用	
		QMRF 4.18.b	受体结合和基因表达（指定受体）	
		QMRF 4.14	重复剂量毒性	
			OECD 452	慢性毒性研究
			EC B. 30	慢性毒性试验
			OECD 453	慢性毒性/致癌性联合研究
			EC B. 33	慢性毒性/致癌性联合试验
			OECD 422	重复剂量毒性研究与生殖/发育毒性筛选试验相结合

（续）

分类		编号	终点名称	备注
QMRF 4	人体健康效应		EC B. 38	重复剂量毒性研究与生殖发育毒性筛选试验相结合
			EC B. 9	重复剂量（28 天）毒性（经皮）
			EC B. 7	重复剂量（28 天）毒性（经口）
			EC B. 8	重复剂量（28 天）毒性（吸入）
			EC B. 27	非啮齿动物 90 天重复剂量口服毒性研究
			OECD 409	非啮齿动物 90 天重复剂量口服毒性研究
			EC B. 26	啮齿动物 90 天重复剂量口服毒性研究
			OECD 408	啮齿动物 90 天重复剂量口服毒性研究
			OECD 410	重复剂量皮肤毒性：21 或 28 天
			OECD 412	重复剂量吸入毒性：28 或 14 天
			OECD 407	重复剂量口服毒性：啮齿动物 28 或 14 天

（续）

分类		编号	终点名称	备注
QMRF 4	人体健康效应		OECD 419	有机磷物质的亚慢性迟发性神经毒性：28天
			EC B. 28	亚慢性皮肤毒性研究：用啮齿动物进行90天重复皮肤剂量研究
			OECD 411	亚慢性皮肤毒性：90天
			EC B. 29	亚慢性吸入毒性研究：用啮齿动物进行90天重复吸入剂量研究
			OECD 413	亚慢性吸入毒性：90天
		QMRF 4.7	呼吸道敏化作用	
		QMRF 4.4	皮肤刺激或腐蚀	
		QMRF 4.6	皮肤敏感	
			OECD 429	局部淋巴结试验
			EC B. 6	皮肤敏感
			EC B. 6	皮肤敏感
			OECD 406	皮肤敏感
			OECD 406	皮肤敏感
			EC B. 42	皮肤敏化：局部淋巴结试验

（续）

分类		编号	终点名称	备注
QMRF 5	毒代动力学	EC B. 36	毒代动力学	
		EC B. 36	毒代动力学	
		OECD 417	毒代动力学	
		OECD 417	毒代动力学	
		QMRF 5.4	毒性动力学。血脑屏障穿透	
		QMRF 5.7	毒性动力学。血肺屏障穿透	
		QMRF 5.6	毒性动力学。血睾丸屏障穿透	
		QMRF 5.10	毒性动力学。DNA 结合	
		QMRF 5.3	毒性动力学。胃肠道吸收	
		QMRF 5.8	毒性动力学。新陈代谢（包括代谢清除）	
		QMRF 5.2	毒性动力学。眼膜渗透	
		QMRF 5.5	毒性动力学。胎盘屏障渗透	
		QMRF 5.9	毒性动力学。蛋白结合	
		QMRF 5.1	毒性动力学。皮肤渗透	
QMRF 6	其他	OECD 5XX	作物田间试验指南	
		OECD 508	加工商品中农药残留的数量	
		OECD 507	加工商品中农药残留的性质高温水解	
		QMRF 6.6	其他	
		OECD 505	家畜残留	
		OECD 504	轮作作物中的残留物（有限的田间研究）	
		OECD 506	储存商品中农药残留的稳定性	

根据OECD验证原则，JRC和欧盟成员国制定了QSAR模型报告格式（QMRF），作为总结和报告QSAR模型关键信息的统一模板。QSAR模型报告格式（QMRF）共包括10个部分：QSAR标识符；基本信息；定义终点-OECD原则1；定义算法-OECD原则2；定义应用域-OECD原则3；定义拟合优度和稳健性-OECD原则4；定义预测性-OECD原则4；提供一个机理解释-OECD原则5；其他信息；JRC QSAR模型数据库摘要（JRC编制）。具体概述如下。

① QSAR标识符

QSAR标题：为模型提供一个简短和指示性的标题，包括相关的关键字。一些可能的关键字是：已建模的端点、模型的名称、建模者的名称，以及为模型编码的软件的名称。例如：用于生物降解的BIOWIN、TOPKAT发育毒性潜在脂肪族模型。

其他的相关模型：如果合适，识别任何与当前QMRF中描述的模型相关的模型。示例：TOPKAT发育毒性潜在异族芳烃模型和TOPKAT发育毒性潜在碳源模型（这两种模型与主要模型TOPKAT发育毒性潜在脂肪族模型相关）。

软件编码模型：如果合适的话，指定实现模型的软件的名称和版本。例如，BIOWIN v. 4. 2（EPI Suite）、TOPKAT v. 6. 2。

② 基本信息

QMRF日期：报告QMRF起草日期（日/月/年）。例如，2006年11月5日。

QMRF作者和联系方式：注明QMRF（第一版QMRF）作者的姓名和详细联系方式。

QMRF更新日期：任何QMRF更新的日期（日/月/年）。QMRF可以更新的原因有很多，比如新增的新信息和信息的更正。

QMRF更新：注明更新QMRF的作者姓名和详细联系方式，列出哪些部分和字段被修改。

模型开发人员及联系方式：注明模型开发人员/作者的姓名及联系方式；尽可能报告通信作者的联系方式。

模型开发和/或发布日期：报告当前 QMRF 中描述的模型发布的年份。

主要科学论文和/或软件包的参考文献：列出解释模型开发和/或软件实施的原始论文的主要参考文献（如果有的话）。

关于模型信息的可用性：指出模型是专有的还是非专有的，并指定（如果可能的话）关于模型的哪些类型的信息不能公开或不可用（例如，训练和外部验证集、源代码和算法）。例如，模型是非专有的，但是训练和测试集是不可用的；模型是专有的，算法和数据集是机密的。

另一个 QMRF 对于完全相同的模型的可用性：表明您是否意识到或怀疑另一个 QMRF 对于您所描述的当前模型是可用的。如果可能，识别其他 QMRF。

③ 定义终点——OECD 原则 1

原则 1："一个清晰的终点"。终点是指任何可以测量和建模的物理化学、生物或环境影响。原则 1（一个 QSAR 应该与一个定义的端点相关联）的意图是确保给定模型预测终点的清晰度，因为给定的终点可以由不同的实验协议和不同的实验条件确定。因此，识别 QSAR 正在建模的实验系统是很重要的。

物种：表示被建模的终点的物种。

终点：从预定义的分类中选择终点（物理化学、生物或环境影响），如果预定义的分类不包括感兴趣的终点，选择"Other"并在后面的字段中报告终点。

对终点的描述：在此字段中包含任何其他信息，以定义正在建模的终点。如有需要，应进一步指明终点，例如，根据试验生物的品种、品系、性别、年龄或生命阶段；根据测试时间和方案；根据终点的详细性质等。还可以在这里定义感兴趣的终点，如果它没有列在预定义的分类中（请参

见上一字段），或者可以添加关于由同一模型建模的第二个终点的信息。例如，硝酸盐自由基降解速率常数 k_{NO_3}。

终点单位：指定测量终点的单位。

因变量：指定被建模的因变量和测量的终点之间的关系，因为这两个量可能是不同的。例如：为了建模的目的，所有的速率常数（硝酸盐自由基降解速率常数 k_{NO_3}）都被转换成对数单位，并乘以－1 得到正值。因变量为：$-\log$（k_{NO_3}）。

实验协议：在实验数据集的收集和评估中，对特定的实验协议（或协议）提供可用的参考资料。

终点数据质量和可变性：提供关于测试数据选择和评估的可用信息，并包括用于开发模型的数据质量描述。

④ 定义算法——OECD 原则 2

原则 2：一个明确的算法。终点的 QSAR 估计是对一组描述化学结构的结构参数应用算法的结果。原则 2（一个 QSAR 应该与一个明确的算法相关联）的目的是确保模型算法的透明度，该算法根据化学结构和/或物理化学性质的信息生成终点预测。在这种情况下，算法是指任何数学方程、决策规则或输出方法。

模型类型：描述模型的类型，如 SAR、QSAR、专家系统、神经网络等。

明确算法：报告从描述符生成预测的算法（仅为算法）；关于算法的更多文本信息可以在本节的以下字段中报告，也可以作为支持信息。如果算法太长和复杂，不能在这里报告，且在字段中包括对算法详细描述的论文或文档的参考，则此材料可作为辅助资料附呈。

模型中的描述符：识别包含在模型中描述符的编号和名称或标识符。在这种情况下，描述符指的是物理化学参数、结构片段等。

描述符选择：指出最初筛选的描述符/决策规则的数量和类型（名称），并解释用于选择描述符并从中开发模型的方法。

算法和描述符的生成：解释推导算法的方法和生成每个描述符的方法。

用于生成描述符的软件名称和版本：详细说明用于生成描述符的软件名称和版本。如果相关，报告软件中选择的特定设置，以生成描述符。

化学品/描述符比例：如果适用（如果不适用，解释原因）报告化学品数量（来自训练集的化学品）与描述符数量的比例。

⑤ 定义应用域——OECD 原则 3

原则 3："定义应用域"。应用域是指模型在给定可靠度下进行预测的响应和化学结构空间。在理想情况下，应用域应该表示模型的结构、物理化学和响应空间。化学结构（x 变量）空间可以用物理化学性质和/或结构片段的信息来表示。响应（y 变量）可以是所预测的任何物理化学、生物或环境影响。根据原则 3，一个 QSAR 应与一个确定的应用域相关联。如果已经使用了不止一种方法来评估应用域，第 5 节可以根据需要重复多次，如 5a、5b、5c 等。

对模型适用范围的描述：描述响应和化学结构和/或描述符空间，其中，模型以给定的可靠性进行预测。讨论是否相关：定义应用域的固定或概率边界；定义应用域的结构特征、描述符或响应空间；在 SAR 情况下，对其应用性的限制进行描述（关于该子结构适用的化学类别的纳入和/或排除规则）；在 SAR 情况下，存在描述子结构分子环境模块化效应的规则；在 QSAR 情况下，存在定义 QSAR 适用的描述符变量范围的纳入和/或排除规则；在 QSAR 情况下，存在定义 QSAR 适用的响应变量范围的纳入和/或排除规则；存在一个（图形）表达式，说明训练集中化学物质的描述符值是如何相对于模型预测的终点值分布的。

应用域评估方法：描述模型应用域评估方法。

应用域评估的软件名称和版本：在适用的情况下，详细说明应用域方法所使用的软件名称和版本。如果相关，请报告软件中选择的具体设置以应用该方法。

应用限制：例如，描述定义应用域的纳入和/或排除规则（固定或概率边界、结构特征、描述符空间、响应空间）。

⑥ 定义拟合优度和稳健性——OECD 原则 4

原则 4：“拟合优度、稳健性和预测性的适当度量”。原则 4 表示需要执行验证以建立模型的性能。拟合优度和稳健性是指内部模型的性能。

训练集的可用性：指出训练集是否可用（例如，发表在论文中、嵌入到实施模型的软件中、存储在数据库中），并附加到当前的 QMRF 中作为支持信息。如果找不到，请解释原因。例如，“它是可用的和附加的”“它是可用的，但没有附加”“由于数据集是私有的，所以不可用”“无法检索数据集”。

训练集的可用信息：表明是否将训练集的以下信息报告为支持信息：化学名称（通用名称和/或 IUPAC 名称）；CAS 编号；SMILES；InChI 代码；MOL 文件；结构式；任何其他结构信息。

训练集中每个描述符变量的数据：说明训练集的描述符值是否可用并作为支持信息附上。

训练集因变量（响应）数据：说明训练集的因变量值是否可用并作为支持信息附上。

关于训练集的其他信息：说明关于训练集的任何其他相关信息。例如，训练集中化合物的数量和类型。又如，对于预测阳性和阴性结果的模型，训练集中阳性和阴性的数量。

建立模型前的数据预处理：表明在建立模型前原始数据是否已经经过处理，如重复值的平均值：如果是，报告是否同时提供了原始数据和处理过的数据。

统计拟合优度：报告拟合优度统计结果，如 r^2、调整后的 r^2、标准误差、敏感性、特异性、假阴性、假阳性、预测值等。

稳健性——通过留一法交叉验证获得的统计数据：报告相应的统计数据。

稳健性——通过留多法交叉验证获得的统计数据：报告相应的统计数据，分割数据集的策略（例如，随机的，分层的），留多化合物的百分比和交叉验证的数量。

稳健性——通过 Y-scrambling 获得的统计数据：报告相应的统计数据和迭代次数。

稳健性——通过 bootstrap 获得的统计数据：报告相应的统计数据和迭代次数。

稳健性——通过其他方法获得的统计数据：报告相应的统计数据。

⑦ 定义预测性——OECD 原则 4

原则 4：拟合优度、稳健性和预测性的适当度量。原则 4 表示需要执行验证以建立模型的性能。预测性指的是外部模型验证。如果更多的验证研究需要在 QMRF 中报告，可以根据需要重复多次（如 7a，7b，7c 等）。

外部验证集的可用性：说明外部验证集是否可用，并作为支持信息附加到当前 QMRF 中。如果找不到，请解释原因。

外部验证集的可用信息：说明以下外部验证集的信息是否可作为支持信息报告：化学名称（通用名称和/或 IUPAC 名称）；CAS 编号；SMILES；InChI 代码；MOL 文件；结构式；任何其他结构信息。

外部验证集的每个描述符变量数据：说明外部验证集的描述符值是否可用并作为支持信息。

外部验证集因变量数据：说明外部验证集的因变量值是否可用并作为支持信息。

关于外部验证集的其他信息：说明关于验证集的任何其他相关信息。例如，“附加 56 个化合物的外部验证集”。

测试集的实验设计：说明获得测试集的任何实验设计（如在建模前随机设置化学品，建模后通过文献检索，建模后通过前瞻性实验测试等）。

预测性-通过外部验证获得的统计数据：报告相应的统计数据，在分类模型的情况下，包括假阳性率和阴性率。

预测性-外部验证集的评估：讨论外部验证集是否足够大，是否具有应用域的代表性。描述描述符、响应范围或空间验证测试集与训练集。模型（训练集）预测的化学品的描述符值应该与测试集的描述符值范围进行比较。此外，化学物质在训练集中的响应值的分布应该与测试集中响应值的分布相比较。

对模型的外部验证的评论：添加关于外部验证过程的任何其他有用的评论。

⑧ 提供一个机理解释——OECD 原则 5

原则 5：机理解释。根据原则 5，QSAR 应与机理解释相关联。

模型的机理基础：提供关于模型的机理基础信息。在 SAR 的情况下，描述包含子结构的分子属性的分子特征（如描述子结构特征如何作为亲核性或亲电性，或形成部分或全部受体结合区域）。在 QSAR 的情况下，可以给出所使用描述符的物理化学解释（与已知的生物作用机制一致）。如果不可能提供一个机理的解释，说明原因。

先验和后验的机理解释：说明模型的机理基础是否预先确定（在建模之前，通过确保训练的初始结构和/或描述符选择符合预定义的作用机制）或后验（建模后，解释最后一组训练结构或描述符）。

关于机理解释的其他信息：报告关于机理解释的任何其他有用信息。

⑨ 其他信息

注释：添加其他相关和有用的注释（如其他相关模型、模型的已知应用），可以促进对所述模型的监管考虑。包括通过对各种类型的监管决策使用模型预测而获得的相关经验（适当时包括参考资料）。

参考书目：除了那些与模型开发直接相关的参考文献外，报告有用的参考文献。

支持信息：说明本 QMRF 是否附有支持信息（如外部文件），并说明其内容和可能的用途。

⑩ JRC QSAR 模型数据库摘要（JRC 编制）

summary 部分特定于 JRC QSAR 模型数据库。如果模型提交给 JRC 以包含在 QSAR 模型的 JRC 数据库中，那么该摘要将在 QMRF 提交后由 JRC 编译。QMRF 作者不需要填写摘要部分。

QMRF 编号：在 JRC QSAR 模型数据库中发布的任何 QMRF 都会被分配一个唯一的号码（数字标识符）。该数字编码表示以下信息，Q 年份-终点-编号。示例：Q11 - 417 - 002，指 2011 年发布的 QMRF，用于终点 4.17，这是 2011 年发布的第二份 QMRF。该号码是唯一的 QMRF 上传和存储在 JRC QSAR 模型数据库。在发布 QMRF 时分配一个唯一的 QMRF 数字标识符。如有更新，已发布的报告可按要求用相同的注册号重新发布。

出版日期：报告 JRC 数据库的出版日期（日/月/年）。

关键字：报告任何与当前 QMRF 相关的关键字。

注释：报告任何与在 JRC 数据库中发布 QMRF 相关的评论（例如，关于更新和支持信息的评论）。

（2）《JRC QSAR 模型数据库 SDF -结构数据格式

如何从 SMILES 中创造》。本文件介绍了结构数据格式（SDF）的相关生成程序。SDF 是一种化学文件格式，用来表示多个化学结构记录和相关的数据字段。SDF 由分子设计有限公司（MDL）开发并出版，成为最广泛使用的化学品信息进出口标准。以 SDF 格式创建的化学数据文件以明文形式保存，其中，包含化学结构记录。

（3）《JRC QSAR 模型数据库 作者和编辑指南》

如果 QSAR 模型开发人员和用户希望 QSAR 模型纳入 JRC QSAR 模型数据库，可通过 QMRF Editor 填报 QMRF 文件来描述 QSAR 模型，并将其保存为 xml 文件，同时，发送至指定邮箱 JRC－COMPUTOX@ec. europa. eu。该指南主要介绍了 QMRF Editor 中关于 QMRF 文件中 10 个部分的具体填报技术要求、格式要求以及填报案例。QMRF 编辑器指南见表 6 - 3。

表 6-3 QMRF 编辑器指南

编号	项目	具体内容
1	QSAR 标识	1. QSAR 标识符（标题）；2. 其他相关模型；3. 软件编码模型
2	一般信息	1. 物种；2. 终点；3. 评论终点；4. 终点单位；5. 因变量；6. 试验协议；7. 终点数据质量和可变性
3	定义终点-OECD 原则 1	1. QMRF 日期；2. QMRF 作者和联系方式；3. QMRF 更新日期；4. QMRF 更新（年代）；5. 模型开发人员和联系方式；6. 模型开发和/或出版日期；7. 参考主要的科学论文和/或软件包；8. 关于模型的信息的可用性；9. 另一个 QMRF 对于完全相同的模型的可用性
4	定义算法-OECD 原则 2	1. 模型类型；2. 显式算法；3. 模型中的描述符；4. 描述符选择；5. 算法与描述符生成；6. 用于生成描述符的软件名称和版本；7. 化学物质/描述符比例
5	定义应用域-OECD 原则 3	1. 对模型适用范围的描述；2. 应用域评估方法；3. 应用域评估的软件名称和版本；4. 应用限制
6	内部验证-OECD 原则 4	1. 训练集的可用性；2. 训练集的可用信息；3. 训练集每个描述符变量的数据；4. 训练集因变量（响应）数据；5. 关于训练集的其他信息；6. 建立模型前的数据预处理；7. 统计拟合优度；8. 稳健性：通过留一法交叉验证获得的统计数据；9. 稳健性-通过留多法交叉验证获得的统计数据；10. 稳健性-通过 Y-scrambling 获得的统计数据；11. 稳健性-通过 bootstrap 获得的统计数据；12. 稳健性-通过其他方法获得的统计数据
7	外部验证-OECD 原则 4	1. 外部验证集的可用性；2. 外部验证集的可用信息；3. 外部验证集的每个描述符变量数据；4. 外部验证集因变量数据；5. 关于外部验证集的其他信息；6. 测试集的实验设计；7. 预测性-通过外部验证获得的统计数据；8. 预测性-外部验证集的评估；9. 对模型的外部验证的评论

（续）

编号	项目	具体内容
8	机理解释-OECD 原则 5	1. 模型的机理基础；2. 先验和后验的机理解释；3. 关于机理解释的其他信息
9	其他信息	1. 注释；2. 参考书目；3. 支持信息
10	JRC QSAR 数据库摘要	1. QMRF 编号；2. 出版日期；3. 关键字；4. 注释

（4）《JRC QSAR 模型数据库 审稿人指南和协议模板》

JRC QSAR 模型数据库的全部信息内容由该领域的专家根据下列准则进行审查并定期发表修订后的报告。根据评审的结果，该模型要么在 JRC QSAR 模型数据库中发表，要么返回作者进行进一步修订。值得注意的是，JRC 将进行质量控制，模型加入 JRC QSAR 模型数据库并不意味着 JRC 或欧洲委员会接受或认可该模型，使用模型的责任在于最终用户。

该指南规定评审人将对提交的 QMRF 进行质量控制（文件的可理解性、一致性和完整性），以便将正确记录的 QSAR 摘要纳入 JRC QSAR 模型数据库。该指南提供了一个有用的但不是详尽的考虑事项清单，以指导 QMRF 的评审。评审人需就所提交的报告回答下列问题：是否满足要求？是否需要进一步的信息？是否还有其他评论？评审人 QMRF 编辑器示意图如图 6－7 所示。

3. JRC QSAR 模型库获取方式

JRC QSAR 模型数据库分为可下载版本和在线版本。其中，可下载版本是一个 zip 文件，可实现在用户的 PC 上本地提取。它由一个允许搜索不同搜索条件的 Excel 文件和 3 个包含所有相关文档的文件夹组成。此外，用户也可以在线浏览数据库以获取已发布的 QMRF 并进行文档或物质搜索。可以通过应用以下条件的子集来搜索 QMRF 文档：标题、终点、

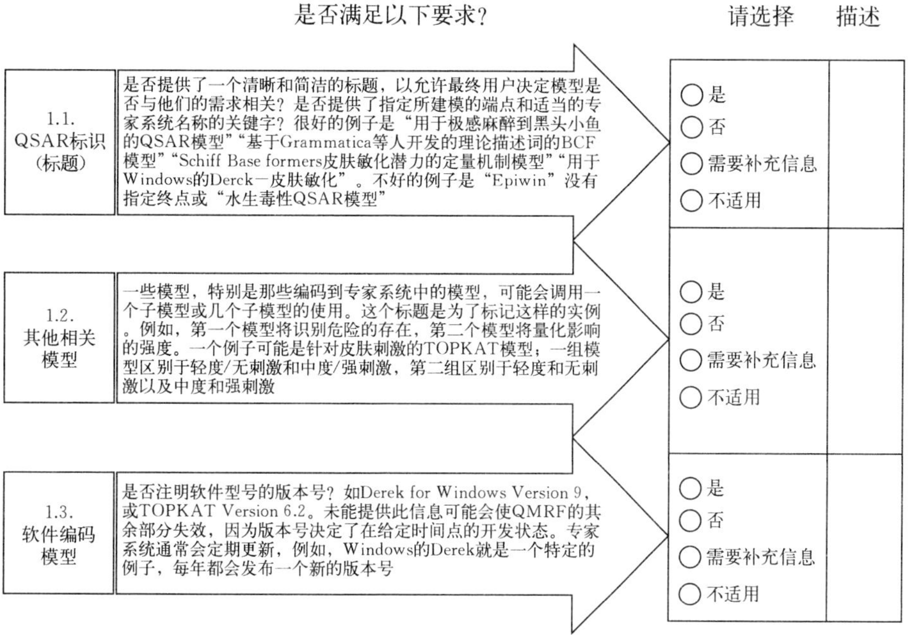

	是否满足以下要求？	请选择	描述
1.1. QSAR标识 (标题)	是否提供了一个清晰和简洁的标题，以允许最终用户决定模型是否与他们的需求相关？是否提供了指定所建模的端点和适当的专家系统名称的关键字？很好的例子是“用于极感麻醉到黑头小鱼的QSAR模型”“基于Grammatica等人开发的理论描述词的BCF模型”“Schiff Base formers皮肤敏化潜力的定量机制模型”“用于Windows的Derck一皮肤敏化”。不好的例子是“Epiwin”没有指定终点或“水生毒性QSAR模型”	◯是 ◯否 ◯需要补充信息 ◯不适用	
1.2. 其他相关模型	一些模型，特别是那些编码到专家系统中的模型，可能会调用一个子模型或几个子模型的使用。这个标题是为了标记这样的实例。例如，第一个模型将识别危险的存在，第二个模型将量化影响的强度。一个例子可能是针对皮肤刺激的TOPKAT模型；一组模型区别于轻度/无刺激和中度/强刺激，第二组区别于轻度和无刺激以及中度和强刺激	◯是 ◯否 ◯需要补充信息 ◯不适用	
1.3. 软件编码模型	是否注明软件型号的版本号？如Derek for Windows Version 9，或TOPKAT Version 6.2。未能提供此信息可能会使QMRF的其余部分失效，因为版本号决定了在给定时间点的开发状态。专家系统通常会定期更新，例如，Windows的Derek就是一个特定的例子，每年都会发布一个新的版本号	◯是 ◯否 ◯需要补充信息 ◯不适用	

图 6-7　评审人 QMRF 编辑器示意图

QMRF 编号、最新更新。

4. JRC QSAR 模型数据库构成

JRC QSAR 模型数据库共包括 154 个模型，具体包括五大类共 35 个预测终点：理化数据预测模型 15 个；环境行为与归趋模型 27 个；急性毒性模型 32 个；慢性毒性模型 50 个；其他毒性终点模型 30 个。具体分类明细见表 6-4。

表 6-4　JRC QSAR 模型数据库分类明细

分类	终点	模型个数
理化数据预测模型	沸点	1
	熔点	1
	蒸汽压	1
	水溶解性	3
	空气-水分配系数	1

（续）

分类	终点	模型个数
理化数据预测模型	辛醇-空气分配系数	1
	辛醇-水分配系数	3
	有机碳-水分配系数	4
环境行为与归趋模型	鱼类生物富集	7
	生物降解	3
环境行为与归趋模型	鱼类生物转化	1
	持久性（非生物降解 9 个，生物降解 5 个）	15
	持久性、生物富集性和毒性	1
急性毒性模型	鱼类急性毒性	13
	蜜蜂急性毒性	4
	短期毒性（鸟类 1 个，溞类 6 个）	7
	急性吸入毒性	2
	急性口服毒性	6
慢性毒性模型	致癌性	21
	发育毒性	2
	致突变	21
	慢性毒性研究	1
	长期鱼类毒性	3
	长期大型溞毒性	2
其他毒性终点模型	眼睛刺激/腐蚀	4
	皮肤刺激/腐蚀	4
	皮肤敏化	7
	藻类生长抑制	4
	水生毒性	2
	血脑屏障穿透	2

（续）

分类	终点	模型个数
其他毒性终点模型	心脏毒性	1
	染色体损伤	1
	雌激素受体结合	1
	蛋白结合	1
	重复剂量毒性	3

（二）计算毒理学模型工具 Ambit

数据管理与 QSAR 应用。AMBIT 数据库包含化学物质结构、标识信息（如 CAS 号、INChI 码）、描述符、实验数据（含测试条件）和文献信息；AMBIT 软件包含 QSAR 模型；还可以计算 2D 和 3D 描述符；查询方面，可通过化学物质名称、CAS 号、SMILES 码、亚结构、基于结构的相似性及实验数据或描述符范围查询；AMBIT Discovery 软件可进行化学品分类及相似性评估。

（三）计算毒理学模型工具 Danish QSAR database

该 QSAR 模型数据库是由丹麦环保局资助开发。包含 200 多个 QSAR 模型，涵盖物理化学、生态、环境归趋、ADME 和毒性参数。可查询 60 多万个化学物质。

（四）计算毒理学模型工具 VEGA

该软件可预测物理化学、环境行为、生态毒性、健康毒性 4 类参数。其中，物理化学参数方面，可预测正辛醇-水分配系数；环境行为参数方面，可预测生物富集因子、快速生物降解、沉积物持久性、土壤持久性、水中持久性；生态毒性参数方面，可预测鱼急性毒性、大型溞急性毒性、蜜蜂急性毒性参数；健康毒性参数方面，可预测致突变性、致癌性、发育毒性、雌激素受体模型、皮肤致敏性。该软件最大的特点是预测结果中包含目标化学化合物是否在模型应用域的评估结果，供使用者评估。

（五）计算毒理学模型工具 Derek Nexus

Derek Nexus 的总部设在英国利兹市，可预测 74 个终点，包括生殖毒性、发育毒性等。Derek Nexus 是一个本地安装（且无在线版）的付费软件，付费金额取决于购买单位的规模和类型，目前没有正确的公共定价信息。

（六）计算毒理学模型工具 BIOVIA Discovery Studio v4.5

Dassault Systèmes 的总部设在美国加州圣地亚哥。2014 年 4 月，Dassault Systèmes 收购了 Accelrys 公司，将达索系统的协同 3DEXPERIENCE 技术与 Accelrys 领先的生命科学和材料科学应用相结合，建立了 BIOVIA 品牌。BIOVIA 通过为先进的生物、化学和材料体验提供科学的协作环境，支持以科学为基础的工业。BIOVIA 涉及分子建模与仿真、数据科学、科学和实验室信息学、配方设计、质量与合规和制造分析，被全球 2 000多家公司使用。

BIOVIA Discovery Studio 将 30 多年的同行评审研究与世界一流的计算机技术相结合，是一款集计算模拟和可视化为一体的软件，是一款付费软件（参考价格为 18 万元）。

BIOVIA Discovery Studio 的 QSAR、ADMET 和预测毒理学功能区仅从化学物质的分子结构计算和验证化学物质的毒性和对其环境影响的评估。BIOVIA Discovery Studio 可预测的毒性终点包括艾姆斯诱变性、啮齿动物致癌性（NTP 和 FDA 数据）、证据致癌性的权重、致癌潜能 TD_{50}、潜在发育毒性、大鼠口服 LD_{50}、大鼠最大耐受剂量、大鼠吸入毒性 LC_{50}、大鼠慢性 LOAEL、皮肤刺激和过敏、眼睛刺激、有氧生物降解性、黑头呆鱼 LC_{50}、大型溞 EC_{50}。

模型开发者通过对公开文献、美国国家癌症研究所（NCI）/美国国家毒理学项目（NTP）技术报告和美国环保局数据库进行分析，筛选出388个统一LOAEL实验值，并对该模型进行训练。所有数据为至少持续1年时间的大鼠经口慢性实验研究数据。EPA的数据主要由同行评议的LOAEL值组成。NCI/NTP技术报告的数据是从文本和表格中提取的，使用的是在每个报告中都记录了不良反应的最低剂量。如果同时具有EPA和NCI/NTP数据的情况下，EPA的数据优先。BIOVIA Discovery Studio v4.5能够预测的重复剂量毒性终点值为LOAEL。

（七）计算毒理学模型工具QSAR Model 3.3.8

QSAR Model 3.3.8是一种用于重复剂量毒性分类的人工神经网络非线性QSAR模型。该模型可预测的毒性终点：重复剂量毒性和有无毒性（有毒为+1，无毒为−1），这些二进制值被用来开发一个分类神经网络模型。

测试物质按不同的剂量分配给几组雄性和雌性。雄性的服药期至少为4周（包括交配前至少两周，交配期间和交配后大约2周），包括预定捕杀的前一天；雌性的服药期大约54天［交配前至少14天，交配（最多）14天，妊娠22天，哺乳4天］。该数据库包含关于292种化学品及其发育毒性信息。其中116种化学物质被认为是发育活性物质，占比41%；而其余176种化学物质没有发育毒性的证据。

三、经济合作与发展组织化学品管理模型工具的管理与开发

为促进各国在化学品风险管理中使用QSAR模型，OECD于2004年开始实施了QSAR Toolbox计划，2008年发布了1.0版本的QSAR Toolbox概念工具包，在此后的几年时间里不断对工具包进行改进和完善，目

前已更新至 4.0 版本。QSAR Toolbox 开发的主要目的是允许用户使用 QSAR 的方法来弥补数据缺失、降低成本和测试动物的使用量，并促进 QSAR 方法在化学品管理决策中的应用。自 2008 年首次发布以来，QSAR Toolbox 的累计下载量已超过 8 500 多次，得到了全球化学品管理部门和科研单位的广泛认可。

QSAR Toolbox 被广泛认可的原因：一方面，它具有多种功能，用户可执行多个操作。例如，识别某化学品的类似物，检索那些类似物已有的实验结果并通过交叉参照或趋势分析填补数据缺失；通过机理或行为模型为大量现有化学品分类；用 QSAR 模型为化学品填补数据缺失；评估用某个潜在类似物进行交叉参照的稳健性；评估用一个 QSAR 模型来填补某目标化合物数据缺失的适用度；建立 QSAR 模型。另一方面，QSAR Toolbox 是目前最全面的化学品环境安全信息数据查询与预测工具之一，这得益于QSAR Toolbox 覆盖了 OECD 成员国大量的数据资源。

QSAR Toolbox 的主要目的是允许用户使用 QSAR 的方法将化学品分类并通过交叉参照、趋势分析和 QSAR 来弥补数据缺失、降低成本和测试动物的使用量，并促进 QSAR 方法在化学品管理决策中的应用。

OECD QSAR 工具包主界面主要包括 6 个模块：Input、Profiling、Endpoint、Category Definition、Data Gap Filling 和 Report。

QSAR 是通过化学物质分子结构，估算其性质，提供有毒有害物质的相关信息。该方法可以提高化学物质风险评估效率，减少目前评估所需的时间，经济成本和动物试验。为了促进 QSAR 方法在化学品环境管理中的应用，提高该方法的监管可接受度，OECD 在欧盟的财政援助下开展了多个 QSAR 项目，形成了多项工作成果。例如，QSAR 的模型验证原则，指南文档以及 OECD QSAR 工具箱。QSAR 项目包括 QSAR 的历史、QSAR 的介绍、化学物质分类、QSAR 模型的验证等。QSAR 成果包括了

OECD QSAR 工具箱、QSAR 工具箱的常见问题解答、OECD 指导文件和报告、工具箱中模型捐赠者信息以及 QSAR 工具箱的论坛等。

(一) 对 QSAR 的介绍

1. 方法

结构-活性关系（QSAR）并不是新事物，早在 1863 年，即有学者在“有机行动”中提出了脂肪族伯醇的毒性与其水溶性之间的关系。QSAR 的本质是一种用于查找所研究化合物的化学结构（或与结构相关的特性）与生物活性（或目标特性）之间关系的方法。因此，这是将化学物质结构与化学物质的性质（如水溶性）或生物活性（如哺乳动物毒性、鱼类毒性等）联系起来的概念。定性 QSAR 和定量 QSAR 统称为 QSAR。定性关系是从非连续数据（如是或否数据）得出的，而定量关系是从连续数据（如毒性效力数据）得出的。

2. 假设

QSAR 的原理是分子的活性反映在分子的结构中。因此，相似的分子具有相似的活性。所以，QSAR 是假设分子的结构（如其几何、电子特性等）包含其物理、化学和生物学特性的特征。它依赖于一种或多种描述符来表示化学物质的特性。潜在的问题是如何在分子水平上定义差异，因为每种活性可能取决于不同的分子相似性。

3. 目标

化学物质生物活性（例如，毒性）取决于其性质，而性质又取决于其化学物质结构。QSAR 有两个目标：一是尽可能准确地判断能够产生相似特定效应的物质在结构上的变化程度，即相似性是多少。例如，具有某个结构的化学物质能否和具有相似结构的化学物质一样，引起特定的毒性终点，这个相似程度的把握，即是一个目标。二是定义方法，什么样的警示结构从整体上影响了该化学物质的性质，从而影响到了化学物质终点的效应。

4. 模型

QSAR 是模型或数学关系(通常是统计相关性),QSAR 最基本的数学形式是活性=f(物理化学或结构性质)。

开发 QSAR 模型需要三个组成部分:一是提供一组化学物质(因变量)活性(通常通过实验测量)的数据集。这组化学品通常由某些选择标准定义。二是同一组化学品的结构标准或与结构相关的特性数据集(自变量)。三是关联这两组数据的方法(通常是一种统计分析方法)。将结构与活动联系起来的方法,从简单的线性回归,到更复杂的方法(最小二乘),再到最复杂的机器学习技术(神经网络)。

(二)化学物质分类介绍

化学物质分组:化学物质分类和交叉参照。化学物质分类是基于一组化学物质的理化性质、对人类健康的影响、生态毒理学特性和环境归宿特性等,通常由于结构相似而可能相似或遵循相关的规则模式。相似之处可能基于以下内容:常见的官能团,如醛、环氧化物、酯、特定的金属离子;一致的组分或化学类别;相似的碳原子的数量或分布;整个类别的渐进的、不断的变化,如长链类别;通过物理或生物过程产生常见前体和/或分解产物的可能性,相似的前体和/或分解产物产生可能源于结构上的相似,如酸/酯/盐的代谢途径。

由于这些相似性,可以通过应用以下一种或多种方法来进行同类化学物质数据空缺的填补,如交叉参照、趋势分析和 QSAR(外部)。

(三)QSAR 模型的验证原则

发达国家已经开发了多种预测不同终点的 QSAR 模型,并一直使用这些模型来评估化学品。他们总结发现模型验证过程的透明性和模型预测结果的可靠性,对于进一步提高 QSAR 模型在监管中的应用至关重要。

2004 年 11 月,OECD 成员国就确认 QSAR 模型用于化学品监管的评

估原则达成一致。该原则为成员国管理及评估 QSAR 模型的适用性提供了基础，并有助于加强这些模型的使用，以便更有效地评估化学品的风险。OECD QSAR 模型专家小组在 2004 年 11 月发表了一份关于应用 QSAR 导则，验证 QSAR 模型的报告。2007 年 2 月，OECD 发表了 QSAR 模型验证指导文件，目的是指导相关方根据 OECD 的原则评价具体 QSAR 模型。

(四) QSAR 专家组关于 QSAR 模型的确认原则

2002 年 11 月，化学品委员会与化学品、农药和生物技术工作小组，举行了第 34 次联席会议，为提高对 QSAR 的监管接受程度，计划开展一项新的活动，成立了 QSAR 专家组，专家组成员由 OECD 成员国提名。

2003 年，OECD 开始推行 QSAR 相关项目，并由 QSAR 专家组负责执行这些项目。开展这些项目的目的是加强使用 QSAR 对化学品开展环境管理评估。同时，OECD 还制订了一套原则，用以评估 QSAR 的发展状况，并确认其效力。

此后，QSAR 专家组将“塞图巴尔原则”应用于不同的 QSAR，共开展了 11 个案例研究。为了就原则的应用提供指导，QSAR 专家组编制了一份核对清单，并对将“塞图巴尔原则”进行了重新定义。2002 年 3 月，国际化学品协会理事会（ICCA）和欧洲化学品工业理事会（CEFIC）在葡萄牙塞图巴尔举办了“对于人类健康和环境终点 QSAR 的监管认可”国际研讨会，并提出评估 QSAR 模型有效性的 6 项原则，称为“塞图巴尔原则”。

QSAR 专家组审议就“塞图巴尔原则”重新定义如下：确定的终点；明确的运算方法；定义应用范围；适当验证模型拟合优度、稳健性和预测能力；如果可能，进行机理解释。

以上原则被作为 OECD 的 QSAR 模型原则提交给联席会议。与会者一致认为，原则 4 中的内部和外部验证的概念对 QSAR 的整个验证过程都很重要。不过，QSAR 专家组会议就原则 4 进行了广泛的讨论，但未达成共识。部分专家要求将这一原则改写为两项单独的原则，与“塞图巴尔原则”的最初定义保持一致，理由是目前的方法没有充分强调外部验证。另一些成员认为，单一原则更适合于成员国在监管方面的灵活性。

专家组就重新定义的原则和申请达成了以下结论：尽管提出了一些措辞，以强调这些原则的意图并简化，但不需要对“塞图巴尔原则”的措辞做实质性的修改；为了避免与“塞图巴尔原则”混淆，重新定义的“塞图巴尔原则”应被视为 OECD 的 QSAR 原则；完善了审核对照表，为原则的解释和适用提供了有用的指导；审核对照表应定期更新，以考虑到新的和有用的因素；在软件程序和专家系统方面，重要的是确定软件程序或专家系统中独立运作的最小组成部分；在 QSAR 专家组今后的工作中，应制订详细和非规定性的指引，解释和说明这些原则对不同类型 QSAR 模型的应用。

2004 年，QSAR 模型需遵循的 5 项原则正式形成。

（五）QSAR 模型需遵循的 5 项原则

2004 年，OECD 提出 QSAR 模型需遵循的 5 项原则：确定的终点；明确的运算方法；定义应用范围；适当验证模型拟合优度、稳健性和预测能力；如果可能，进行机理解释。

（六）OECD 的 QSAR 模型遵循原则的审核对照表

为审核模型是否满足 OECD QSAR 模型的构建原则提供指导，QSAR 专家组完善了 QSAR 模型审核对照表，评审参照表中，涉及了 5 大类，22 项问题，通过这些问题可以判断模型是否满足 OECD 的 5 项原则，见表 6－5。

表 6－5　QSAR 模型审核对照表

编号	原则	考虑内容（以下信息是否适用于该模型?）
1	确定的终点	1.1 模型是否具有明确的定义?（它是否能够预测具有明确定义的物理化学、生物学或环境终点?） 1.2 模型是否能够解决（或部分解决）管理需求的潜力?（它是否能够预测与特定测试方法或测试指南相关联的终点?） 1.3 重要的实验条件是否影响测量及预测?（例如，性别、品种、温度、暴露时期、方案） 1.4 预测终点是否有测量单位?
2	明确的运算方法	2.1 就 SAR 而言，是否有对于子结构的明确描述，包括对其取代基的明确识别? 2.2 就 QSAR 而言，是否有明确定义的方程式，是否包括所有描述符的定义?
3	定义应用域	3.1 就 SAR 而言，是否有对其适用性的任何限制的描述?（例如，子结构所属化学类别在 SAR 中包含和/或排除规则?） 3.2 就 SAR 而言，是否有描述子结构对于分子环境调节作用的规则? 3.3 就 QSAR 而言，是否定义了关于 QSAR 的适用范围，包含和/或排除的规则? a）自变量（描述符变量）； b）因变量（响应变量）。 3.4 用一个图形表达，训练集的描述符值是如何相对于模型预测的端点值分布的?
4	内部性能及预测能力	内部性能 4.1 关于训练集的详细资料，是否包括： a）化学名称； b）结构式； c）CAS 号； d）所有描述符；

（续）

编号	原则	考虑内容（以下信息是否适用于该模型?）
4	内部性能及预测能力	e）所有因变量数据； f）训练集数据质量的说明。 4.2 a）开发模型的数据是否基于对原始数据的处理（例如，重复值的平均值）？ b）如果 a）为“是”，是否提供原始数据？ c）如果 a）为“是”，数据处理方法有描述吗？ 4.3 解释选择描述符的方法，是否包括： a）用于选择初始描述符集的方法； b）初始描述符集数量的考虑； c）用于从较大的初始描述符集中选择较小的最终描述符集的方法； d）模型中包含的最终描述符集的数量。 4.4 a）是否有模型统计方法的详细说明（包括所使用的任何软件包的详细资料）？ b）如果 a）为“是”，该模型是否已得到独立确认（所述的统计方法是否独立应用于同一模型的训练集）？ 4.5 是否有模型与其训练集拟合优度的基本统计数据（例如，r2 值和回归模型中估计的标准偏差）？ a）是否进行交叉验证或重新抽样？ b）如果 a）为“是”，提供交叉验证的统计信息，以及采用哪种方法？ c）如果 a）为“是”，描述重新抽样方法。 4.6 评估模型内部表现与训练集的关系和/或对于因变量已知的变化。 4.7 a）已使用独立于训练集的测试集对模型进行验证； b）如果 a）为“是”，描述有关于测试集数据的质量。 4.8 如果进行了外部验证，那么是否有下列信息： a）测试集结构的个数； b）测试集结构的标识；

（续）

编号	原则	考虑内容（以下信息是否适用于该模型?）
4	内部性能及预测能力	c）选择测试集的方法，详述测试集代表的模型的适用范围； d）模型预测性能的统计分析（例如，包括敏感性、特异性和分类模型的阳/阴预测系数等）； e）测试数据质量； f）评估模型的预测能力，通过训练集和测试集的质量和/或预测指标的变异性； g）根据预先定义的定量性能标准对模型性能进行比较。
5	如果可能，进行机理解释	5.1 就 SAR 而言，描述包含子结构的分子性质所具有的分子事件（例如，描述子结构特征如何作为亲核体或亲电体，或形成一个受体/受体结合区的一部分或全部）? 5.2 就 QSAR 而言，描述符的物理化学解释与已知的（生物）作用机制是否相一致? 5.3 文献资料支持（所谓的）机理是什么? 5.4 说明模型的机理解释是先验（在模型制作前，确保选取初始的训练结构及/或描述符符合预先定义的作用机制），还是后验（在模型制作后，通过解释最终的训练结构及/或描述符）?

（七）项目成果

项目成果中主要包括了 OECD QSAR 工具箱，QSAR 工具箱的常见问题解答，工具箱中模型捐赠者的信息，QSAR 工具箱的论坛，以及 OECD 指导文件和报告。

1. 指导文件和报告

OECD 出台了 QSAR 相关的文件共计 41 份，其中指导文件和报告 13 份，QSAR 工具箱指导文件 8 份，QSAR Toolbox 使用分步指导文件 20 个份，见表 6-6。

表 6-6 OECD 关于 QSAR 的指导文件和报告

序号	一、指导文件和报告（13 份）
1	科学且法规性的评估基于有机化学机制的结构警示，识别蛋白质结合化学物质的专家咨询报告 附录 测试和评估系列，第 139 号（2011）
2	关于在分类化学物质类别中使用机理信息的研讨会的报告 附录 测试和评估系列，第 138 号（2011）
3	科学且法规性的评估基于有机化学机制的结构警示，识别 DNA 结合化学物质的专家咨询报告：第 1 部分 科学且法规性的评估基于有机化学机制的结构警示，识别 DNA 结合化学物质的专家咨询报告：第 2 部分 测试和评估系列，第 120 号（2010）
4	关于评估与鉴定用于危害识别的雌激素受体结合力模型的专家磋商会的报告 测试和评估系列，第 111 号（2009）
5	OECD QSAR 应用工具中结构警示工作会的报告 测试和评估系列，第 101 号（2009）
6	化学物质分类指南 测试和评估系列，第 80 号（2007）
7	关于验证 QSAR 模型的指南 测试和评估系列，第 69 号（2007）
8	关于在 OECD 成员国中法规使用及应用 QSAR 模型开展新化学物质和现有化学物质评估的报告 测试和评估系列，第 58 号（2006）
9	QSAR 专家组关于验证 QSAR 原则的报告 测试和评估系列，第 49 号（2004）

（续）

序号	一、指导文件和报告（13份）
10	美国环保局/欧盟委员会关于（定量）结构-活性关系评估的联合项目（主文件和附件1-3）［第82-181页］［第182-296页］［第297-366页］ ENV，专著第88号（1994）
11	生物降解性的结构-活性关系 ENV，专著第68号（1993）
12	结构-活性关系在重要属性暴露评估中的应用 ENV，专著第67号（1993）
13	OECD水生生物效应评估的定量结构活性关系（QSAR）工作会的报告 ENV，专著第58号（1992）
序号	**二、QSAR工具箱的指导文件（8份）**
1	入门手册（PDF）　2.0版，2012年10月
2	入门：快速参考指南（PDF）　1.0版，2010年10月
3	IUCLID 5通过Web服务导入/导出（PDF）　1.1版，2011年2月
4	根据OECD化学物质分类指南，使用OECD QSAR应用工具箱开发化学物质分类的指南文件 测试和评估系列，第102号（2009年）
5	数据库导入向导（PDF）1.0版，2011年4月
6	技巧和窍门　1.1版，2011年2月
7	化学品分组填补急性水生毒性终点数据缺口的策略　1.1版，2013年7月
8	基于化学物质分组填补数据空白，评估遗传毒性和遗传致癌性的策略 1.1版，2013年7月

（八）OECD QSAR Toolbox 模型和数据库

OECD QSAR 工具箱的成功主要归功于众多利益相关者捐赠的工具和数据库。捐赠的模型及数据库信息见表 6-7，共涉及 39 个捐赠机构、25 个数据库和 30 个工具。

表 6-7 QSAR Toolbox 模型及数据库信息

捐赠者	工具及数据库说明	参考
美国环境保护局	ECOSAR（Profiler）水生毒性分类：该工具根据结构将化学物质分类为针对水生毒性已建立结构活性关系的化学类别	ECOSAR
	水生 US-EPA ECOTOX（数据库）：ECOTOX 是一个综合数据库，可提供有关单一化学胁迫对生态相关水生物种的不利影响的信息	ECOTOX
	陆地 US-EPA ECOTOX（数据库）：ECOTOX 是一个综合数据库，可提供有关单一化学胁迫对生态相关陆地物种的不利影响的信息	ECOTOX
	生物沉积物累积因子（数据库）：BSAF 是大约 20 000 种生物沉积物累积因子的数据集	BSAF
	物理化学 EPI Suite（数据库）：该数据库包括从 EPI Suite 访问的有关物理化学性质的实验结果。数据从 Syracuse Research Corporation 维护的 PHYSROP 数据库中摘录	PHYSPROP
	ToxRefDB（数据库）：该数据库包含有关 300 多种农药的癌症的慢性发育和生殖毒性研究的信息	ToxRefDB
	生物蓄积代谢警示（探查器）：这是 EPI Suite 4.0 版中 BCF-BAD 模型中的一组结构片段	EPI Suite
	生物蓄积代谢半衰期（探查器）：该分析器将化学物质的生物转化率类别分为非常缓慢、缓慢、中等、快速、非常快	EPI Suite

（续）

捐赠者	工具及数据库说明	参考
美国环境保护局	生物降解片段（BIOWIN MITI）（探查器）：这是基于MITI生物降解概率模型使用结构片段构建的BIOWIN Biodegradability归类方案	EPI Suite
	有机官能团（US-EPA）（探查器）：包含645个结构片段和校正因子，从EPI Suite程序KOWWIN片段库获得的片段和校正因子	EPI Suite
	US-EPA新化学类别（探查器）：US-EPA新化学计划概要文件中的编码规则复制了“TSCA新化学计划（NCP）/化学类别”文档中引用的原始类别	
	ECOSAR QSAR：生态结构活动关系（ECOSAR）是一种QSAR模型，用于评估化学品对水生生物的急性和慢性毒性	ECOSAR
意大利高级卫生研究所	Benigni/Bossa致突变/致癌警示（探查器）：致突变性和致癌性规则库是作为Toxtree软件的模块（插件）开发的。来自规则库的结构警示（SA）已作为分析器包含在工具箱中	Toxtree
	Benigni/Bossa微核警示（探查器）：该工具基于Toxtree软件的ToxMic规则库提供35个结构警示的列表，用于初步筛选潜在的体内诱变剂	Toxtree
	致癌性/致突变性ISSCAN（数据库）：该数据库包括遗传毒性和致癌性的试验结果	
欧盟委员会	Verhaar急性水生毒性的分类（探查器）：这种对鱼类急性毒性的分类方案定义了惰性、低惰性、反应性和特殊作用的化学品的类别。它是作为Toxtree软件的模块开发的，并作为分析器包含在工具箱中	Toxtree
	Cramer毒性危害分类（探查器）：此分类方案（决策树）用于结构化化学品，以便估算毒理学关注阈值（TTC）。它是作为Toxtree软件的模块开发的，并作为分析器包含在工具箱中	Toxtree

（续）

捐赠者	工具及数据库说明	参考
加拿大环境部	加拿大生物累积（数据库）：该数据库包括水生生物体内生物累积性的试验结果	
	kM 数据库：鱼类实验室生物浓缩因子和总消除率常数的数据库	
丹麦环境保护局	丹麦 EPA 数据库：该数据库包括基于 QSAR 模型的众多特性和效应的估计结果	
荷兰国家公共卫生及环境研究院	皮肤刺激性（数据库）：该数据库包括来自多个来源的皮肤刺激性试验的主要皮肤刺激性指标	
日本环境省	日本教育部水生生物毒性（数据库）：该数据库包括日本现有化学品项目中进行水生生物毒性试验的数据结果	
日本厚生劳动省	日本 MHLW 毒性（数据库）：该数据库包括日本现有化学品项目进行的单剂量毒性试验和致突变性试验的结果	
欧洲化学品生态毒理学中心（ECETOC）	水生 ECETOC（数据库）：该数据库包括水生生物毒性的试验结果	
	眼睛刺激 ECETOC（数据库）：该数据库包括对眼睛刺激的试验结果	
	皮肤致敏 ECETOC（数据库）：该数据库包括有关皮肤和呼吸道致敏作用的试验结果	
欧洲化学工业理事会（CEFIC）	鱼类生物累积 CEFIC－LRI（数据库）：该数据库包括鱼类生物富集因子（BCF 值）的试验结果	
德国弗劳恩霍夫毒理学和实验医学研究所	重复剂量毒性 Fraunhofer ITEM（数据库）：该数据库包含对啮齿动物进行的从亚急性到慢性暴露的重复剂量毒性研究试验结果	

（续）

捐赠者	工具及数据库说明	参考
日本新能源和工业技术发展组织（NEDO）	重复剂量毒性 NEDO（数据库）：该数据库包含有关 82 种工业化学品的重复剂量毒性的信息	
保加利亚数学化学实验室（LMC）	ERBA OASIS（数据库）：该数据库包括有关雌激素受体结合亲和力（ERBA）的数据，表示为与雌二醇亲和力相比的相对结合亲和力	
	遗传毒性（数据库）：该数据库包括水生生物体内生物累积的试验结果	
	微核 OASIS（数据库）：微核数据库由 577 种具有体内骨髓和外周血 MNT 数据的化学物质组成	
	化学元素（探查器）：该分析器包含元素周期表中的所有化学元素，该元素分为 18 组	
	OASIS 的 DNA 结合（探查器）：该 DNA 结合分类方案是基于 LMC 开发的 Ames 致突变性模型	
	有机官能团（探查器）：该分析器包括 227 个有机官能团，这些原子是负责这些分子特征化学反应的特定原子团	
德国联邦风险评估研究所（BfR）	BfR 眼睛刺激/腐蚀排除规则（探查器）：眼睛刺激/腐蚀的排除规则基于理化临界值，以识别不显示眼睛刺激或腐蚀潜能的化学物质	
	BfR 的眼睛刺激/腐蚀包含规则（探查器）：该工具基于经验得出的结构包含规则，可识别出对眼睛有刺激和腐蚀潜力的化学物质	
	BfR 的皮肤刺激/腐蚀排除规则（探查器）：此皮肤刺激/腐蚀排除规则基于理化临界值，以识别不显示皮肤刺激或腐蚀潜能的化学物质	
	BfR 的皮肤刺激/腐蚀包含规则（探查器）：该工具包含结构警示，可根据其机理对引起刺激性、腐蚀或刺激性/腐蚀组合的化学物质进行肯定分类	

（续）

捐赠者	工具及数据库说明	参考
奥地利维也纳大学	Checkmol 有机官能团（探查器）：探查器由 204 个有机官能团组成，这些有机官能团由维也纳大学海德博士开发的“Checkmol”程序认可	Checkmol
Multicase Inc.	辛醇-水分配系数的预测模型 QSAR	
	基团贡献法估算水溶性模型 QSAR	
	雌激素受体（ER）结合模型 QSAR	
	微生物（费氏弧菌）毒性模型 QSAR	
	人体肠道吸收模型 QSAR	
ChemAxon	估计 pKa 的模型 QSAR	
	150 000 种化学物质的 pKa 预测的数据库	
意大利圣尼塔高级学院 瑞士公共卫生办公室	微核 ISS MIC（数据库）	
	这是一个经过整理的数据库，其中包含有关通过啮齿动物体内微核致突变性测定法测试的化合物的关键选择信息	
保加利亚数学化学实验室（LMC） 美国环保局	OASIS 急性水生生物毒性 MOA（探查器） US－EPA 开发的急性水生生物毒性作用模式的化学品分类工具	
保加利亚数学化学实验室（LMC） 美国环保局	致癌一级分类（探查器） 该工具由 US－EPA 开发，模仿 US－EPA 的 OncoLogic™癌症专家系统中潜在致癌物化学类别的结构警示，以预测化学物质的潜在致癌性	OncoLogic™

（续）

捐赠者	工具及数据库说明	参考
保加利亚数学化学实验室（LMC） 日本经济产业省（METI）	OASIS 生物降解（数据库） 该数据库包括在日本现有化学品项目中，包含化学物质有关生物降解性的试验结果	
保加利亚数学化学实验室（LMC） 美国环保局 田纳西大学诺克斯维尔分校 日本经济产业省（METI）	OASIS 水生（数据库） 数据库包括从不同来源收集的水生生物毒性的试验结果	
保加利亚数学化学实验室（LMC） 日本经济产业省（METI） 埃克森美孚	OASIS 生物蓄积（数据库） 该数据库包括日本现有化学计划对生物累积性的试验结果以及埃克森美孚公司提供的试验结果	日本数据库

（续）

捐赠者	工具及数据库说明	参考
保加利亚数学化学实验室（LMC） 联合利华 埃克森美孚宝洁	皮肤致敏（数据库） 该数据库包括 LMC、联合利华、埃克森美孚、宝洁和 OECD 收集的皮肤致敏试验结果	
保加利亚数学化学实验室（LMC） 欧莱雅 埃克森美孚 联合利华 陶氏化学 香水材料研究所（RIFM）	OASIS 蛋白质结合（探查器） 该工具是由 LMC 的行业协会开发的有关蛋白质结合的结构性警示探查器	
国际 QSAR 基金会 联合利华 田纳西大学诺克斯维尔分校	GSH 实验性 EC_{50} 该数据集包括由亲电试剂的化学 RC_{50} 值表示的经验性非生物硫醇反应性	

四、计算分子结构描述符的软件工具

欧美国家开发的分子结构描述符计算软件见表6-8。

表6-8　分子结构描述符计算软件

软　　件	描　　述
Accord for Excel Accelrys Inc.，San Diego， CA，USA	一种使用 Accord Chemistry Engine 处理化学结构的工具，并根据记录中的化合物的结构加入一些附加项来执行化学计算 http://www.accelrys.com/products/accord
ADAPT Prof. P. C. Jurs，PennState University， University Park，PA 16802，USA	具有描述符生成（拓扑、几何、电子和物理化学描述符）、变量选择、回归和人工神经网络建模的 QSAR 工具包 http://zeus.chem.psu.edu
CODESSA Semichem Inc. - 7204 Mullen， Shawnee，KS 66216，USA	计算几种拓扑、几何、结构、热力学、静电和量子化学描述符，包括回归建模和变量选择的工具 http://www.semichem.com
DRAGON Talete srl，via Pisani 13， 20124 Milano，Italy	计算分子描述符，包括分子拓扑、3D-M_0RSE 等 http://www.talete.mi.it
GRIN/GRID Molecular Discovery Ltd. - West Way House，Elms Parade， Oxford OX2 9 LL，UK	计算网格点上的网格经验力场
HYBOT-PLUS Prof. O. Raevsky - Russian Academy of Science，IPAC.	计算氢键和自由能因子 http://www.ipac.ac.ru/qsar/index.htm

（续）

软件	描述
MOLCONN - Z Prof. L. H. Hall - 2 Davis Street，Quincy，MA 02170，USA	MOLCONN - Z 是 MOLCONN - X 的继承者，它计算最知名的拓扑描述符，包括电拓扑和正交指数。最新版本：3.0 http://www.eslc.vabiotech.com/molconn/manuals/310s/preface1.html
OASIS Laboratory of Mathematical Chemistry. Prof. O. Mekenyan - Bourgas University，8010 Bourgas，Bulgaria	计算空间、电子和疏水描述符 http://www.oasis-lmc.org
POLLY Prof. S. Basak - University of Minnesota，5013 Miller Trunk Highway，Duluth，MN 55811，USA	计算拓扑连通指数
SYBYL/QSAR Tripos Inc. - 1699 South Hanley Rd.，St. Louis，MO 63144 - 2913，USA	用于计算 EVA 描述符的 SYBYL 模块、CoMFA 和 CoMSIA，还包括几个 QSAR 工具 http://www.tripos.com
TSAR Accelrys Inc.，San Diego，CA，USA（formerly Oxford Molecular Ltd，UK）	统计和数据库功能与分子和取代基性质计算。在 TSAR 3D 内 http://www.accelrys.com

第七章

我国面向化学品环境管理的计算毒理技术应用现状与建议

一、我国相关管理法律法规及标准

2020年，为实施《新化学物质环境管理登记办法》（生态环境部令第12号），生态环境部制定并公布了《新化学物质环境管理登记指南》。《新化学物质环境管理登记指南》指出：在无法进行实际测试的特殊情况下，申请数据也可以来自定量结构-活性关系等方法产生的非测试数据。提交非测试数据的，应充分说明理由、方法或数据来源、依据等。其中，申请数据源自QSAR模型预测的，应同时满足下列条件并提交相关说明材料：

（1）QSAR模型应当具有科学性和有效性，即具有明确定义的毒性终点或环境指标、明确的模型算法、适用的应用域，以及适当的拟合度、稳定性和预测能力，尽可能给出模型预测机理解释。

（2）待预测的新化学物质应当涵盖在QSAR模型的应用域中。

（3）QSAR模型预测结果应当足以用于新化学物质环境管理，如新化学物质危害性识别、分类和/或环境风险评估。

（4）QSAR模型预测过程应当公开透明，并提供详细的过程文档。包括但不限于分子结构参数、模型算法、应用域、模型拟合度、稳定性和预测能力等模型构建和验证过程文档，以及模型使用方法和预测结果的过程文档等。

2020年，生态环境部制定并公布《化学物质环境与健康危害评估技术导则（试行）》和《化学物质环境与健康暴露评估技术导则（试行）》，规定可使用计算毒理学数据来开展环境与健康危害评估，同时在开展危害识别过程的不确定性分析中需评估计算毒理学模型中使用的公式和参数是否合理等。

2019年，为加强化学物质环境管理，建立健全化学物质环境风险评估技术方法体系，规范和指导化学物质环境风险评估工作，生态环境部、卫生健康委组织编制并印发了《化学物质环境风险评估技术方法框架性指南（试行）》。《化学物质环境风险评估技术方法框架性指南（试行）》指出，在健康危害识别中可用计算毒理学数据来定性化学物质的危害性。

2009年，国家质量监督检验检疫总局发布《化学品性质 QSAR 模型的验证指南　理化性质》（GB/T 24780—2009）、《化学品性质 QSAR 模型的验证指南　生态毒理性质》（GB/T 24781—2009）和《化学品性质 QSAR 模型的验证指南　卫生毒理性质》（GB/T 24779—2009），延续了 OECD 模型验证原则，规定了化学品理化性质、生态毒理性质以及卫生毒理性质 QSAR 模型的验证。验证原则：

① 确定的终点。

② 明确的运算算法。

③ 确定的应用域。

④ 对符合度、适用度和预测能力的合适的评价。

⑤ 如果可能，提供机制解释。

二、计算毒理学在我国化学品环境管理中的应用

我国从20世纪80年代开始，相继有专家学者在计算毒理领域开展科学研究，大多处于该领域的研究阶段，如构建了某个终点的预测模型，极

少数会将模型集成为应用软件。近年来，生态环境部固体废物与化学品管理技术中心（以下简称“固管中心”）尝试将计算毒理学研究成果，逐步应用于化学物质的环境管理，并尝试形成模型工具的整合机制，积极推动计算毒理学在我国化学物质环境管理中的应用。

固管中心从化学物质环境管理实际需求出发，探索性开展了计算毒理学在化学物质环境管理相关领域的研究与实践。一是掌握了QSAR构建的核心技术，初步尝试自主构建QSAR模型软件；二是逐步积累，已初步建立起化学物质风险评估信息库；三是将计算毒理技术应用于化学物质环境管理，为我国化学物质危害筛查、有毒有害物质名录制定、受关注物质的环境风险评估和管理等，提供了技术支撑。具体如下：

（一）将计算毒理技术应用于我国化学物质环境管理

应用计算毒理技术，弥补化学品基础数据缺失。运用了EPI suite、EQC等计算毒理学模型工具，支撑了我国《有毒有害大气污染物名录（2018年）》《有毒有害水污染物名录（第一批）》《优先控制化学品名录（第一批）》《优先控制化学品名录（第二批）》等的制定与发布；同时，也为现有化学物质危害识别与筛查、化学物质的环境风险评估与管理等提供数据与模型支撑；另外，初步构建了日用化学品水环境暴露预测模型，结合蒙特卡洛模拟，评估了D4、双酚A等新污染物的环境暴露浓度。该方法可为新污染物的环境暴露评估提供技术支撑。

（二）初步构建了PBT类化学物质预测模型软件平台

固管中心尝试自主开发基于QSAR的持久性、生物蓄积性和毒性（PBT）化学物质预测模型软件平台，目前正在开展模型软件比对研究，下一步计划用3～5年时间对PBT模型软件进行升级改造和完善，逐步具备化学物质高通量预测能力。

（三）建立我国的化学品基础数据信息库

固管中心从事有毒化学品进出口登记二十余年，承担新化学物质环境管理登记十余年，维护和更新《中国现有化学物质名录》二十余年，掌握已登记新化学物质的危害性数据3 500余种。并根据生态环境部部署开展国家化学品调查任务，建立了我国化学品基础数据信息库。数据库涵盖了全国化学品生产使用数据、化学物质风险评估信息数据等，可实现3万余种化学物质理化、毒理、环境归趋等信息的批量查询，并设有管控清单分析、企业地理坐标、全国生产使用与排放信息填报与查询等功能。

（四）依托科研项目开展计算毒理技术研究

1. 国家级科研项目

2017年，固管中心运用EPI suite等计算毒理模型软件开展总理基金项目大气重污染成因与治理攻关项目子课题“具有地域特征的优控有毒有害大气污染物动态识别和筛选研究”，高通量筛选评估了京津冀有毒有害大气污染物，建立了京津冀优先控制的有毒有害大气污染物名录。

2. 部委级科研项目

2018年，固管中心作为项目牵头单位，组织开展的科技部国家重点研发计划项目“高关注化学品风险管控关键技术研究”和“危险废物环境风险评估与分类管控技术研究”。2017年，作为课题主持单位主持的科技部国家重点研发计划项目（重点专项）“农田有毒有害化学/生物污染防控技术与产品研发”项目第一子课题“农田有毒有害化学污染源头防控技术研究”。2016年，作为参与单位，参加的科技部国家重点研发计划项目（试点专项）“化学农药在不同种植体系的归趋特征与限量标准”，承担了农药化学品减量暴露模型构建、验证与应用任务。

3. 国际合作项目

在“八甲基环四硅氧烷（D4）环境风险评估”“中国双酚A环境暴露

初步评估”等项目中，固管中心均使用 EQC 模型预测了我国境内典型区域预测环境浓度，为研究成果提供了重要支撑。

三、国内外模型应用与差距分析

总体上看，国外计算毒理学模型应用于化学物质管理日趋成熟，且每年都有大量资金和人力投入，经过多年建设，欧美发达国家正逐步建构能服务于化学品环境管理的计算毒理学工具体系。目前，计算毒理技术已逐步被纳入欧美发达国家化学物质行政管理体系，得到了各国化学物质行政管理部门的高度重视，计算毒理技术已成为欧美等发达国家实现化学品风险管理目标的关键支撑技术，在新化学物质申报登记、现有化学物质风险筛查、全球化学物质统一分类和标记系统等领域都发挥着越来越大的作用。

与国外丰硕的研究与应用成果相比，我国计算毒理与暴露预测科学研究尚处于起步阶段。一是国内高校和科研院所等少数开展了化学物质计算毒理学模型研究与构建，但并未将模型进行软件化，尚不能有力地支撑国内化学物质环境管理的迫切需求；二是国内的高校和科研院所开展的相关研究，大多以完成科研项目任务为目标，其研究往往随着项目结题而终止，成果对我国化学物质环境管理缺乏延续性、针对性、实用性，也不具备整体性、系统性、统筹性，无法真正地应用于我国化学物质的实际管理。

以服务于我国化学物质环境管理为目标，从预测终点出发，固管中心对发达国家常用的计算毒理学软件进行了汇总，共计 18 个，见表 7－1。其中 7 个商业付费软件包括 DEREK、Cheminformatics Tool Kit（REACHacros）、ACD/Percepta、TOPKAT、ChemTunes/ToxGPS、Leadscope Model Applier、MultiCASE；11 个免费软件包括 EPI Suite、T. E. S. T、OECD QSAR Toolbox、Toxtree、OncoLogic、LAZAR、Danish QSAR Database、

表 7-1 发达国家常用模型比较分析

软件工具	理化参数	环境行为参数	生态毒理终点	健康毒理终点	其他
VEGA	正辛醇-水分配系数	生物富集因子、快速生物降解、沉积物持久性、土壤持久性、水中持久性	鱼急性毒性、大型溞急性毒性、蜜蜂急性毒性参数	致突变性、致癌性、发育毒性、雌激素受体模型、皮肤致敏性	
EPI suite	正辛醇-水分配系数 K_{OW}、正辛醇-空气分配系数 K_{OA}、土壤有机碳标准化分配系数 K_{OC}、熔点、沸点、蒸汽压、水溶解度、亨利常数	生物富集因子 BCF、生物积累因子 BAF、气相（羟基自由基、臭氧等）氧化速率常数、水解速率常数、生物降解性、碳氢化合物的生物降解率、化学物质在各相中的半衰期	水生生物毒性 LD_{50}、LC_{50}	—	皮肤渗透系数
PBT Profiler	—	化学物质在各相中的半衰期、BCF 值（鱼）	鱼的慢性毒性	—	—
DEREK	—	—	水生生物急性毒性	致癌性、致突变性、致畸性、遗传毒性、皮肤致敏性、刺激性、呼吸道致敏性、生殖毒性	—

（续）

软件工具	理化参数	环境行为参数	生态毒理终点	健康毒理终点	其他
LAZAR	—	—	水生生物急性毒性	致癌性、致突变性、LOAEL、最大推荐日摄取量	血脑屏障穿透性
Cheminformatics Tool Kit（REACH-acros）	—	—	急性水生生物毒性、慢性水生生物毒性	急性口服毒性、急性皮肤毒性、急性吸入毒性、皮肤腐蚀/刺激性、眼损伤/刺激性、皮肤致敏性、致突变性	—
ACD/Percepta	水溶解度、沸点、极性表面积、解离常数、正辛醇-水分配系数	—	水生生物急性毒性	急性毒性（小鼠、大鼠）、致突变性、内分泌干扰、脏器毒性副作用、刺激性、最大给药剂量、内分泌干扰性、对器官和系统不良影响（肺、肝、肾、消化系统、心血管系统等）、刺激性	血脑屏障穿透性、小肠穿透性、P450酶抑制、代谢位点预测等AD-ME性质
T.E.S.T	沸点、密度、闪点、热导率、黏度、表面张力、水溶解度、蒸汽压、熔点	生物富集因子BCF	水生生物急性毒性	急性毒性（大鼠）、发育毒性、致突变性	

（续）

软件工具	理化参数	环境行为参数	生态毒理终点	健康毒理终点	其他
OECD QSAR Toolbox	沸点、解离度、水溶解度、蒸汽压、熔点、凝固点、分配系数、爆炸性	生物积累因子 BAF、生物降解性、光降解性、水中稳定性、化学物质在各环境介质中的分配	水生生物毒性、陆生生物毒性	急性毒性、致癌性、发育毒性、遗传毒性、刺激性/腐蚀性、光诱导毒性（photoinduced toxicity）、致敏性、生殖毒性、重复剂量毒性	—
Toxtree	—	—		急性毒性（大鼠）、致癌性、致突变性、皮肤刺激性/腐蚀性、眼刺激性/腐蚀性、生物降解性、皮肤致敏性、生物降解性、遗传毒性	DNA 结合性、蛋白质结合性、P450 酶代谢等
TOPKAT	—	—	水生生物急性毒性	致癌性、致突变性、致畸性、皮肤致敏性、皮肤刺激性、眼刺激性、遗传毒性	—
Chem-Tunes/ToxGPS	—	生物富集因子 BCF、生物降解性	水生生物毒性	致突变性、遗传毒性、致癌性、肝毒性、肾毒性、心脏毒性、发育毒性、生殖毒性、眼/皮肤毒性、急性毒性、内分泌干扰性	

（续）

软件工具	理化参数	环境行为参数	生态毒理终点	健康毒理终点	其他
Leadscope Model Applier	—	—	—	遗传毒性、致癌性、生殖毒性、发育毒性、神经毒性、肝毒性、心脏毒性、尿路毒性	—
OncoLogic	—	—	—	致癌性	
MultiCASE	—	生物富集因子 BCF、生物降解性	水生生物毒性	致突变性、遗传毒性、致癌性、肝毒性、肾毒性、心脏毒性、发育毒性、生殖毒性、眼/皮肤毒性、急性毒性、内分泌干扰性	—
Danish QSAR Database	物理化学特性（EPI suite）	环境归趋、生物累积（EPI suite）	生态毒性	吸收、代谢和毒性	—
ALOGPS	K_{ow}，水溶性	—	—		—
AMBIT	数据库包括物质结构、标识信息、描述符、实验数据、文献信息；嵌套 QSAR；进行化学物质分类				

ALOGPS、AMBIT、VEGA、PBT Profiler。在免费软件中，有7个单机版软件分别为EPI Suite、T. E. S. T、OECD QSAR Toolbox、Toxtree、OncoLogic、AMBIT、VEGA。

我国化学物质环境管理可能涉及的终点指标包括四大类，分别是理化指标、健康毒理指标、生态毒理指标和环境行为指标。按照预测终点或指标对目前收集到的免费软件进行分类梳理。能够预测化学物质性状、熔点、沸点、水溶性、蒸汽压、分配系数［如正辛醇-水分配系数（K_{ow}）、正辛醇-空气分配系数（K_{OA}）、有机碳-水分配系数（K_{oc}）］等参数的模型软件，见表7-2。能够预测化学物质急性毒性（LD_{50}、LC_{50}或EC_{50}）、重复剂量毒性（NOAEL或LOAEL）、致癌性、致突变性、生殖发育毒性（NOAEL或LOAEL）、内分泌干扰特性等参数的健康毒理预测软件见表7-3。能够预测化学物质水生生物急性毒性（LC_{50}或EC_{50}）、水生生物慢性毒性（NOEC或其他等效数据）（重点针对藻、溞、鱼类）等的模型软件见表7-4。能够预测化学物质半衰期或降解数据（水解、光解、生物降解等）、生物蓄积系数BCF等环境归趋的模型软件见表7-5。

表7-2　理化指标预测模型软件工具

预测终点/指标	免费软件
熔点	EPI suite（定量）、Danish QSAR Database（定量）、T. E. S. T、OECD QSAR Toolbox
沸点	EPI suite（定量）、Danish QSAR Database（定量）、T. E. S. T、OECD QSAR Toolbox
水溶性	EPI suite（定量）、VEGA（定量）、ALOGPS、Danish QSAR Database（定量）、T. E. S. T、OECD QSAR Toolbox
亨利常数	EPI suite（定量）、VEGA（定量）、Danish QSAR Database（定量）
蒸汽压	EPI suite（定量）、Danish QSAR Database（定量）、T. E. S. T

（续）

预测终点/指标	免费软件
K_{OW}	EPI suite（定量）、VEGA（定量）、ALOGPS、Danish QSAR Database（定量）、OECD QSAR Toolbox
解离常数	ALOGPS、Danish QSAR Database（定量）、OECD QSAR Toolbox
密度	T. E. S. T、OECD QSAR Toolbox
粒径	OECD QSAR Toolbox
表面张力	T. E. S. T、OECD QSAR Toolbox
有机溶剂中的稳定性和降解产物特征	OECD QSAR Toolbox
K_{OA}	EPI suite（定量）、VEGA（定量）、Danish QSAR Database（定量）
K_{OC}	EPI suite（定量）、VEGA（定量）

表 7－3　健康毒理指标预测模型软件工具

预测终点/指标	免费软件
急性毒性	Danish QSAR Database（定量）、T. E. S. T、OECD QSAR Toolbox、Toxtree
重复剂量毒性	OECD QSAR Toolbox
致癌性	VEGA（定性、定量）、Danish QSAR Database（定性）、OECD QSAR Toolbox、OncoLogic™、LAZAR、Toxtree
致突变性	VEGA（定性）、Danish QSAR Database（定性）、T. E. S. T、OECD QSAR Toolbox、LAZAR、Toxtree
生殖发育毒性	VEGA（定性）、Danish QSAR Database（定性）、T. E. S. T、OECD QSAR Toolbox
皮肤刺激	AMBIT（定性）、Danish QSAR Database（定性）、Toxtree

（续）

预测终点/指标	免费软件
眼刺激	AMBIT（定性）、Toxtree
皮肤致敏	VEGA 1.15（定性）、AMBIT（定性）、Toxtree
毒代动力学	OECD QSAR Toolbox
皮肤渗透系数	EPI suite（定量）、VEGA（定量）
皮肤吸收剂量	EPI suite 4.10（定量）
内分泌干扰效应	VEGA 1.15（定性）、Danish QSAR Database（定性）
脂肪组织-血液分配系数	VEGA（定量）
总身体消除半衰期	VEGA（定量）
肝毒性	VEGA（定性）

表 7-4　生态毒理指标预测模型软件

预测终点/指标	免费软件
藻急性毒性 EC_{50}	EPI suite（定量）、VEGA（定性、定量）、Danish QSAR Database（定量）、OECD QSAR Toolbox、LAZAR
溞急性毒性 LC_{50}	EPI suite 4.10（定量）、VEGA 1.15（定量）、Danish QSAR Database（定量）、T.E.S.T 4.2.1、OECD QSAR Toolbox、LAZAR
鱼急性毒性 LC_{50}	EPI suite（定量）、VEGA（定性、定量）、Danish QSAR Database（定量）、T.E.S.T、OECD QSAR Toolbox、LAZAR
藻慢性毒性	EPI suite（定量）、VEGA（定量）
溞慢性毒性	EPI suite（定量）、VEGA（定量）
鱼慢性毒性	EPI suite（定量）、VEGA（定量）
蚯蚓急性毒性	EPI suite（定量）

（续）

预测终点/指标	免费软件
活性污泥呼吸抑制	VEGA（定性、定量）
糠虾急性毒性	EPI suite（定量）
糠虾慢性毒性	EPI suite（定量）
蜜蜂急性毒性	VEGA（定性）

表 7-5　环境归趋类终点对应的计算毒理学模型软件

预测终点/指标	免费软件
生物降解性	EPI suite（定性）、VEGA（定性）、Danish QSAR Database（定性）、Toxtree
BCF	EPI suite（定量）、VEGA（定量）、Danish QSAR Database（定量）、T. E. S. T
BAF	EPI suite（定量）、Danish QSAR Database（定量）
水解速率常数	EPI suite（定量）、VEGA（定量）、Danish QSAR Database（定量）
大气羟基自由基反应速率常数	EPI suite（定量）、Danish QSAR Database（定量）
大气臭氧自由基反应速率常数	EPI suite（定量）
大气羟基自由基反应速率常数	EPI suite（定量）
生物降解半衰期	EPI suite（定量）
沉积物持久性	VEGA（定性、定量）
土壤持久性	VEGA（定性、定量）
水持久性	VEGA5（定性、定量）
空气半衰期	VEGA5（定量）
生物转化速率	EPI suite（定量）、VEGA（定量）

四、近期我国计算毒理学管理需求分析

目前化学物质环境管理急需突破的管理需求包括：

1. 满足新污染物清单、有毒有害物质名录制定的需求

在制定新污染物清单、有毒有害物质名录时，需要计算毒理预测技术填补数据缺失，为清单及名录的制定提供数据支撑。

2. 满足现有化学品高通量危害筛查时的数据需求

开展现有化学品高通量危害筛查时，也需要使用计算毒理模型软件，预测筛查所需数据，如理化指标、健康毒理指标、生态毒理指标、环境行为等指标，填补相关指标的空白。

3. 满足新化学品环境管理登记工作中的预测需求

在新化学品申报登记时，一是针对“90 天反复染毒毒性”“生殖/发育毒性”等毒性终点，需要寻找可应用的计算毒理模型满足预测需求；二是由于化学品的毒性作用模式较为复杂，能够预测“90 天反复染毒毒性”“生殖/发育毒性”的技术方法不多，且现有模型软件预测的物质种类与精度也相对局限，需要收集相关模型软件并开展软件评估；三是企业提交新化学品环境管理登记材料时可能会上报模型预测数据，需要对提交上来的预测报告进行模型技术审核。

4. 满足化学品环境风险评估所需数据和场景需求

开展化学品环境风险评估时，需要通过计算毒理技术预测其危害信息，开展环境暴露浓度预测，为环境风险评估提供数据及模型的支撑。

5. 满足计算毒理技术在化学品环境管理应用的客观需求

目前，我国高校与科研机构主要侧重于学术研究层面的计算毒理学模型（方程式）研究，大部分模型没有软件化，分散地掌握于各个研究者，且并未完全针对化学品环境管理的需求构建。现有模型是否可以直接应用

于我国化学品环境管理需要进一步确认，也需要从国家层面评估筛选各类模型，用于化学品环境管理。

五、我国发展应用计算毒理技术的建议

化学品环境管理虽为宏观，但面对环境中大量存在的有毒有害化学物质，需要更为专业的监管技术。计算毒理技术已逐渐成为世界化学品管理的重要工具。因此，我国的化学品环境管理工作中，应加大对计算毒理技术的研究与应用。现提出如下建议。

1. 服务于新污染物治理工作

根据新污染物治理的工作任务，遵循持续筛查、优先评估、重点管控工作机制，完善计算毒理评估与应用的技术标准体系，加大对计算毒理技术的科技支撑力度，构建化学品计算毒理与暴露预测平台。

2. 支撑化学品基础信息摸底

对目前掌握的化学品，根据基本信息情况进行分类管理，依次掌握所有化学品的基本信息情况，有重点、分主次地开展化学品环境管理，确保合理管控所有的化学品。对于危害及暴露评估数据齐全且有明确管控措施的物质，暂不纳入管理计划；对于危害及暴露评估数据齐全、没有管控措施的物质，纳入法规管理级别；对于危害及暴露评估数据不全的物质，纳入数据收集与评估级别。对于数据与评估级别的物质，在开展物质危害和暴露信息收集与评估时，通过计算毒理模型工具快速实现。

3. 完善数据库建设、推进模型的应用转化

从服务于化学品环境管理出发，逐步完善我国化学品环境管理基础数据库，以实现在化学品环境管理上的应用；从国家安全考虑，先期重点学习、吸收发达国家推荐使用的线下模型和软件；支持国内研究机构高质量模型的软件化，推动我国自有知识产权的模型软件在化学品环境风险评估与管理工作中的应用。

4. 研究与开发模型工具

吸收转化经国外官方机构采信或论证的成熟的计算毒理与暴露预测模型，努力研究开发我国的模型工具，解决我国化学品的基础数据差距，用于对化学品开展危害筛查、筛选评估，支持化学品环境风险评估与管理工作。

（1）建设计算毒理与暴露预测模型集成平台

编制平台建设方案与模型征集方案，面向全社会公开征集计算毒理与暴露预测模型软件；形成模型评审制度，组建专家组，开展软件评价，论证模型结果的可靠性。对经评价的模型软件择优在固管中心网站公示供社会使用。

（2）研究应用服务新化学品申报登记需求的模型工具

开展预测反复染毒毒性终点的软件 OECD QSAR toolbox（分类和交叉参照），以及可预测生殖/发育毒性终点的软件 OECD QSAR toolbox（分类和交叉参照）、VEGA、T. E. S. T、Danish QSAR Database 等的研究和应用。对于企业提交的计算毒理学模型数据，从应用域的范围、建模方法、数据质量等方面开展评审。

（3）构建化学品 PBT 属性预测模型工具

基于危害的物质筛查，初步开展物质 PBT 属性预测，填补已有数据库中的持久性、生物累积性、水环境毒性试验数据空白。

5. 积极调动社会优势资源，强化自主研发模型的影响力

通过组织国内从事计算毒理学研究的企事业单位、高校和科研院所开展计算毒理学模型软件预测能力的比对工作，调动全社会开展计算毒理学模型软件研究和开发的积极性，争取尽快实现国内自主研发的计算毒理由模型到软件的转化，服务国家化学品环境管理。

主要参考文献

Andrew P. Worth, Mark T. D. Cronin, 2004. Report of the workshop on the validation of QSARs and other computational prediction models [J]. ATLA 32, Supplement 1: 703-706.

Boxall AB, Oakes D, Ripley P, et al, 2000. The application of predictive models in the environmental risk assessment of ECONOR [J]. Chemosphere, 40 (7): 775-781.

Carol A, Marchant, 2012. Computational toxicology: a tool for all industries [J]. WIREs Computational Molecular Science, 2: 424-434.

Clements R G, Nabholz J V, Zeeman M G, et al, 1995. The application of structure-activity relationships (SARs) in the aquatic toxicity evaluation of discrete organic chemicals [J]. SAR and QSAR in Environmental Research, 3 (3): 203-215.

Commission of the European Communities, 2001. White paper strategy for a future chemicals policy [R]. Brussels, 88.

Cowan C E, Federle T W, Larson R J, et al, 1996. Impact of biodegradation test methods on the development and applicability of biodegradation QSARs [J]. SAR and QSAR in Environmental Research, 5 (1): 37-49.

Cronin M T, Jaworska J S, Walker J D, et al, 2003. Use of QSARs in international decision-making frameworks to predict health effects of chemical substances [J]. Environmental Health Perspectives, 111 (10): 1391-1401.

Cronin M T, Walker J D, Jaworska J S, et al, 2003. Use of QSARs in international decision-making frameworks to predict ecologic effects and environmental fate of chemical substances [J]. Environmental Health Perspectives, 111 (10): 1376-1390.

Dearden J C，2016. The history and development of quantitative structure - activity relationships（QSARs） [J]. International Journal of Quantitative Structure - Property Relationships，1（1）：1 - 44.

Eriksson L，Jaworska J，Worth AP，et al，2003. Methods for reliability and uncertainty assessment and for applicability evaluations of classification - and regression - based QSARs [J]. Environmental Health Perspectives，111（10）：1361 - 1375.

European Chemicals Agency，2015. Read - across assessment framework（RAAF） [R]. European Chemicals Agency.

Feijtel T C，1995. Evaluation of the use of QSARS for priority setting and risk assessment [J]. SAR and QSAR in Environmental Research，3（3）：237 - 245.

Gerner I，Spielmann H，Hoefer T，et al，2004. Regulatory use of QSARs in toxicological hazard assessment strategies [J]. SAR and QSAR in Environmental Research，15（5 - 6）：359 - 366.

Hermens J，Balaz S，Damborsky J，et al，1995. Assessment of QSARS for predicting fate and effects of chemicals in the environment：an international european project [J]. SAR and QSAR in Environmental Research，3（3）：223 - 236.

Hulzebos E M，Posthumus R，2003. QSARs：gatekeepers against risk on chemicals [J]. SAR and QSAR in Environmental Research，14（4）：285 - 316.

Jaworska J，Hoffmann S，2010. Integrated testing strategy（ITS） - opportunities to better use existing data and guide future testing in toxicology [J]. ALTEX，27（4）：231 - 242.

Jaworska J S，Comber M，Auer C，et al，2003. Summary of a workshop on regulatory acceptance of QSARs for human health and environmental endpoints [J]. Environmental Health Perspectives，111（10）：1358 - 1360.

John C，2002. Dearden prediction of environmental toxicity and fate using quantitative structure - activity relationships（QSARs）[J]. Journal of the Brazilian Chemical Society，13（6）：754 - 762.

Kaiser K L，2007. Evolution of the international workshops on quantitative structureactivity relationships（QSARs） in environmental toxicology [J]. SAR and QSAR in

Environmental Research, 18 (1-2): 3-20.

Karcher W, Hansen B G, Leeuwen C V, et al, 1995. Predictions for existing chemicalsa multilateral QSAR project [J]. SAR and QSAR in Environmental Research, 3 (3): 217-221.

Kinsner-Ovaskainen A, Akkan Z, Casati S, et al, 2009. Overcoming barriers to validation of non-animal partial replacement methods/Integrated Testing Strategies: the report of an EPAA-ECVAM workshop [J]. Atla alternatives to Laboratory Animals, 37 (4): 437-444.

Kinsner-Ovaskainen A, Maxwell G, Kreysa J, et al, 2012. Report of the EPAAECVAM workshop on the validation of Integrated Testing Strategies (ITS) [J]. Atlaalternatives to Laboratory Animals, 40 (3): 175-181.

Lo Piparo E, Worth A P, 2010. Review of QSAR models and software tools for predicting developmental and reproductive toxicity [R]. JRC Scientific and Technical Reports, Luxembourg: Publications Office of the European Union.

MacDonald D, Breton R, Sutcliffe R, et al, 2002. Uses and limitations of quantitative structure-activity relationships (QSARs) to categorize substances on the Canadian domestic substance list as persistent and/or bioaccumulative, and inherently toxic to non-human organisms [J]. SAR and QSAR in Environmental Research, 13 (1): 43-55.

Mackay D, Webster E, 2003. A perspective on environmental models and QSARs [J]. SAR and QSAR in Environmental Research, 14 (1): 7-16.

Mekenyan O G, Veith G D, 1994. The electronic factor in QSAR: MO-parameters, competing interactions, reactivity and toxicity [J]. SAR and QSAR in Environmental Research, 2 (1-2): 129-143.

Office of pollution prevention & toxics U. S. environmental protection agency, 2009, methodology for risk-based prioritization under ChAMP [R]. U. S. Environmental Protection Agency.

Office of the science advisor science policy council, U. S. environmental protection agency, 2009. The U. S. environmental protection agency's strategic plan for evaluating the toxicity of chemicals [R]. U. S. Environmental Protection Agency.

Organisation for economic co - operation and development, 1995. Guidance document for aquatic effects assessment: technical report for environment monograph No. 92 [R]. Paris: OECD.

Organisation for economic co - operation and development, 1993. Application of structure - activity relationships to the estimation of properties important in exposure assessment. Technical report for Environment Monograph No. 67 [R]. Paris: OECD.

Organisation for economic co - operation and development, 2007. Guidance document on the validation of (quantitative) structure - activity relationship QSAR models. Technical report for series on testing and assessment No. 69 [R]. Paris: OECD.

Organisation for economic co - operation and development, 2007. Guidance on grouping of chemicals. Technical report for series on testing and assessment No. 80 [R]. Paris: OECD.

Organisation for economic co - operation and development, 2014. Guidance on grouping of chemicals. second edition. Technical report for series on testing and assessment No. 194 [R]. Paris: OECD.

Organisation for economic co - operation and development, 2004. Report from the expert group on QSARs on principles for the validation of QSARs. Technical report for series on testing and assessment No. 49 [R]. Paris: OECD.

Organisation f economic co - operation and development, 1992. Report of the OECD workshop on quantitative structure activity relationships (QSARs) in aquatic effects assessment: technical report for environment monograph No. 58 [R]. Paris: OECD.

Organisation for economic co - operation and development, 1993. Structure - activity relationships for biodegradation: technical report for environment monograph No. 68 [R]. Paris: OECD.

Organisation for economic co - operation and development, 1994. US EPA/EC joint project on the evaluation of (quantitative) structure activity relationships. Technical report for environment monograph No. 88 [R]. Paris: OECD.

Organization for economic co - operation and development, 2012. Guidance document on standardised test guidelines for evaluating chemicals for endocrine disruption [R]. Technical Report for OECD Environment, Health and Safety Publications Series on Testing and Assessment No. 150. Paris: OECD.

Sabljié A, 1991. Chemical topology and ecotoxicology [J]. Science of the Total Environment, 109 - 110: 197 - 220.

Simon - Hettich B, Rothfuss A, Steger - Hartmann T, 2006. Use of computer - assisted prediction of toxic effects of chemical substances [J]. Toxicology, 224 (1 - 2): 156 - 162.

U. S. Environmental Protection Agency, 1998. Endocrine Disruptor Screening and Testing Advisory Committee (EDSTAC) final report [R] . Washington U. S. Environmental Protection Agency.

U. S. Environmental Protection Agency, 2011. Endocrine Disruptor Screening Program for the 21st century: (EDSP21 Work Plan) [R]. washington DC: office of chemical safety and pollution prevention.

US Environmental Protection Agency Office of Research and Development, 2003. A framework for a computational toxicology research program in ORD [R]. US Environmental Protection Agency.

Verhaar H J, Van Leeuwen C J, Bol J, et al, 1994. Application of QSARs in risk management of existing chemicals [J]. SAR and QSAR in Environmental Research, 2 (1 - 2): 39 - 58.

Verhaar HJM, Mulder W, Hermens, et al, 1995. Overview of SAR for environmental endpoints part 1: general outline and procedure [R]. Report of the EU - DG - XII project QSAR for predicting fate and effects of chemicals in the environment.

Verhaar HJM, Mulder W, Hermens, et al, 1995. Overview of SAR for environmental endpoints part 2: description of selected models [R]. Report of the EU - DG - XII project QSAR for predicting fate and effects of chemicals in the environment.

Walker J D, Carlsen L, Hulzebos E, et al, 2002. Global government applications of analogues, SARs and QSARs to predict aquatic toxicity, chemical or physical properties, environmental fate parameters and health effects of organic chemicals [J].

SAR and QSAR in Environmental Research, 13 (6): 607 - 616.

Walker J D, Carlsen L, 2002. QSARs for identifying and prioritizing substances with persistence and bioconcentration potential [J]. SAR and QSAR in Environmental Research, 13 (7 - 8): 713 - 725.

Worth A P, Bassan A, Fabjan E, et al, 2007. The use of computational methods in the grouping and assessment of chemicals - preliminary investigations [R]. JRC Scientific and Technical Reports, Luxembourg: Office for Official Publications of the European Communities.

Zeeman M, Auer C M, Clements R G, et al, 1995. U. S. EPA regulatory perspectives on the use of QSAR for new and existing chemical evaluations [J]. SAR and QSAR in Environmental Research, 3 (3): 179 - 201.

图书在版编目（CIP）数据

化学品环境管理的计算毒理学 / 于洋等著．—北京：中国农业出版社，2021.5（2025.1 重印）
ISBN 978-7-109-28284-1

Ⅰ.①化… Ⅱ.①于… Ⅲ.①化学品－环境管理－毒理学－数学模型 Ⅳ.①X78

中国版本图书馆 CIP 数据核字（2021）第 096409 号

中国农业出版社出版
地址：北京市朝阳区麦子店街 18 号楼
邮编：100125
责任编辑：廖　宁　　文字编辑：李　辉
版式设计：王　晨　　责任校对：吴丽婷
印刷：北京中兴印刷有限公司
版次：2021 年 5 月第 1 版
印次：2025 年 1 月北京第 4 次印刷
发行：新华书店北京发行所
开本：700mm×1000mm　1/16
印张：9.25
字数：125 千字
定价：58.00 元